지붕 없는 방
Roofless Rooms

홍만식, 홍예지, 강난형, 현명석 지음

주식회사 주택문화사

차례

Contents

인터뷰

Interview

화운풍재 花雲風齋

꽃과 구름 그리고 바람이 만나는 마당

경기도 하남시에 위치한 '화운풍재(花雲風齋)'의 건축주는 누구보다도 특별한 단독주택을 완성했다. 꽃과 구름, 바람 소리가 오감을 만족시키는 이곳에서, 오랜 염원이었던 단독주택에서의 새로운 삶을 시작한 것이다. 이곳의 특별함은 건축주에게서도 찾아볼 수 있다. 바로 건축주 본인이 이 책의 공동 저자이자 화운풍재를 설계한 홍만식 건축가이기 때문이다. 그는 예비 건축주들에게 마당의 중요성에 대해 알리기 위해, '마당 있는 집을 지었습니다'라는 프로젝트를 진행 중이기도 하다.

본인의 집을 직접 설계하신 계기가 궁금해요.

설계하는 일을 하다 보니, 예전부터 우리 가족이 살 집도 짓고 싶다는 열망이 강했어요. 그래서 자녀들이 어렸을 때부터 여러 부지를 보러 다니곤 했죠. 아파트, 타운하우스 등 전부 살아봤는데 마당이 있는 단독주택에서 직접적으로 느낄 수 있는 경험들과 비교하면 항상 조금씩 부족한 느낌이 들더라고요. 특히 가족 구성원 여럿이 살다 보니, 동선이 얽혀 마음 편히 지낼 수 없다는 단점도 있었죠. 그래서 우리 가족만의 맞춤형 주택을 짓고 싶다는 열망을 늘 품고 있었고, 드디어 실현하게 됐어요.

여러 지역 중, 이곳 경기도 하남시에 터를 잡은 이유가 있을까요?

집을 투자의 개념으로 보러 다니기보다는, 살기 좋은 곳 위주로 다니다 보니, 공원을 끼고 있는 이곳이 가장 마음에 들었어요. 보행로가 있어서 채광 면에서 유리하겠구나 하는 생각도 있었죠. 기존의 주 생활권이 서울시 강동구였다는 점도 한몫했고요. 근처에 지하철이 들어온다는 소식도 있어서 자녀들이 대중교통으로 편하게 오갈 수 있겠다는 장점도 있었어요.

건축가이다 보니, 오히려 어려운 점도 있었을 것 같아요.

아는 것이 많다 보니, 다른 사람들보다 쉽게 지을 수 있을 거라고 생각하시는 분들이 많을 텐데, 딱히 그렇지만도 않더라고요. 아무래도 직접 살 집이다 보니, 설계 구성안이 금방 여러 개 나온 것은 사실이지만, 때로는 예비 건축주들에게 샘플하우스가 될 수도 있는 집이기에 조금 더 신경이 쓰이더라고요. 한 예로 욕실의 경우, 어느 쪽은 벽면을 타일로 마감하고, 어느 쪽은 유리로 마감하기도 하면서 직접 경험한 것들을 예비 건축주들과 공유하고 있어요. 확실히 유리로 마감한 것보다는 타일로 마감한 곳이 청소나 관리 면에서 수월하더라고요. (웃음)

설계하신 집의 이름을 직접 작명하는 것으로 알아요. 이 집의 이름도 직접 정하셨나요?

건축주들이 직접 짓는 경우도 있지만, 설계 과정에서 느낀 점 그대로 제가 이름을 지어드리는 경우도 많아요. 화운풍재의 경우에는 제가 설계했으니 더더욱 그렇고요. 꽃과 구름, 바람이 만나는 집이라는 뜻으로 지었는데, 실제 이곳에 앉아서 가만히 귀를 기울여보면 이름 그대로인 집이라는 것을 금방 느낄 수 있어요. 단독주택의 경우에는 일반 공동주택에 비해 층간소음 등이

존재하지 않다 보니 오롯이 가족의 말소리와 자연이 주는 소리에 집중할 수 있거든요.

중정이 있다 보니, 외부와의 소통도 수월하게 이뤄질 수 있을 것 같아요.

예전부터 단독주택 마당의 역할에 대해 수없이 많이 강조한 편이에요. 마당을 둔 단독주택과 그렇지 않은 단독주택의 차이는 매우 크다고 생각해요. 실제 이곳에서 살아보니 그런 부분들이 더욱 절실하게 느껴져요. 건축가로서 어떤 집을 설계할 때 '아, 이렇게 마당을 활용하겠구나' 정도는 인식하지만, 그 이상의 것은 직접 그곳에 살아보지 않고서는 모르잖아요. 잘 설계된 마당은 단순히 관망의 대상이 아니라, 자주 이용하게 되는 공간이라고 생각하는데, 화운풍재의 마당 역시 수시로 드나들며 마당을 통해 자연이 주는 다양한 산물을 느낄 수 있어 만족감이 높은 편이에요.

평소 마당을 설명하실 때 전통 건축과의 연계성에 대해 말씀하시곤 하더라고요.

마당이라는 공간에 관해 설명하기 위해서는 먼저 '집'이라는 장소가 주는 의미에 대해 다시 한 번 떠올려볼 필요가 있을 것 같아요. 전통 건축에서의 집이란, 한 사람이 태어나서 죽을 때까지의 모든 삶을 담아내는 역할을 담당했었죠. 오늘날의 집과 비교해본다면, 전통 건축이 훨씬 더 복합적으로 다층적이고 가변적이며 삶의 변화를 온전히 담는 그릇이라고 볼 수 있어요. 그러나 현대건축에서 마당을 설계할 때는 공간을 비우기보다는, 정해진 수치에 맞춰 채우는 것에만 급급해하는 것 같습니다. 하지만 '마당'이라는 공간이 주는 의미는 그 이상의 것이라고 생각해요. 마당은 실마다의 관계성을 갖게 만들고, 내외부를 드나드는 소통의 창구를 대신하니까요.

이러한 사례도 최근 진행하고 있는 '마당 있는 집을 지었습니다' 프로젝트에 소개됐을까요?

저희 집인 '화운풍재'를 포함해 총 6채의 집이 유튜브를 통해 소개되었는데요. 예비 건축주들이 해당 영상을 보고, 집이라는 공간이 더 이상 재테크의 수단이 아닌, 우리네 삶과 함께 호흡하고 살아 숨 쉬는 장소라는 점을 인식했으면 하는 바람이 있어요. 건축주들의 라이프 스타일에 따라 다양하게 만들어지고 활용되는 마당들을 통해 삶에 어떠한 변화가 일어나고 있는지 깨달았으면 좋겠어요. 앞으로도 제가 설계한 다양한 마당 있는 집들을 통해

마당이라는 공간이 주는 의미를 계속해서 전달해나갈 예정이에요.

다시 집 이야기로 넘어갈게요. 집에서 주로 머무는 공간은 어디인가요?

응접실과 제 집무실이 있는 1층에 있을 때가 많아요. 특히 집무실은 현관문을 열자마자 왼쪽에 자리하고 있어서 외부 손님들이 다른 가족의 주거 공간을 통하지 않고 바로 방문할 수 있도록 설계한 점이 특징이죠. 특히 낮은 좌식 테이블을 설치해서 바로 맞닿아 있는 중정의 풍경을 사시사철 즐길 수 있어 더욱 좋고요. 무척 애착이 가는 장소이다 보니, '질문을 묻고 의견을 듣는 방'이라는 의미에서 '문문(問聞)정'이라는 이름을 따로 짓기도 했어요. 1층 안쪽으로는 중정과 외부 테라스를 동시에 접하는 응접실이 있는데, 가족 모두가 모여서 식사를 하거나 외부 손님들이 많이 찾아왔을 경우에는 이곳에서 미팅을 하기도 하죠. 때로는 아내의 작업실로도 활용하고요.

다른 집들과는 다르게, 1층에는 거실을 따로 배치하지 않은 것 같아요.

단독주택의 경우에는 집마다의 인적 구성이나 관계에 따라 다른 평면도가 나올 수밖에 없어요. 이곳 역시 저희의 라이프 스타일상 텔레비전이나 영화를 보다가 잠드는 경우가 많기 때문에, 1층에 거실을 두기보다는 2층에 거실을 두고 안방과 연계해 바로 잠을 청할 수 있도록 설계했죠. 2층에 거실을 둔 덕분에 1층 주방과 거리가 있어 요리를 할 때 냄새 문제에서 벗어난다는 장점도 있어요.

이곳의 장점인 군더더기 없는 설계처럼, 2층도 단출하게 구성한 것 같아요.

2층의 경우 1층과 마찬가지로, 중정을 중심으로 공간들이 구분되고 있어요. 중정을 통해 거실과 아들들의 동선이 확실히 구분 지어져 있어 프라이버시를 확보하면서도 서로 편리한 생활을 이어갈 수 있죠. 특히 두 아들 방의 경우에는 자녀들이 전부 성장했기에, 아이들의 의견을 고려해 단출하게 구성했어요. 이 중에서도 외부 테라스를 겸하고 있는 한 방은 테라스에서 2층 거실과 1층 중정, 응접실 등을 한눈에 살필 수 있다는 장점이 있습니다.

마지막으로 화운풍재를 한 문장으로 소개한다면요?

평소에도 집이라는 공간을 한 문장으로 표현할 수 있을지에 대해 생각하곤 하는데요. 결론적으로는, 잘 모르겠어요. 오랜 기간 지내봐야 설명이 가능할 것 같아요. 다만, '내 삶의 일부'라고는 말할 수 있을 것 같아요. 내 삶과 100% 일치하는 공간이 존재한다는 사실이 신기할 따름이죠. 앞으로도 기존에는 느껴보지 못했던 다양한 감정을 이곳에서 경험하고 싶어요.

인터뷰. 홍예지
전국에 있는 다양한 집을 찾아다니며 단독주택 라이프 스타일을 탐구하는 기자. 설계는 물론, 자재에 이르기까지 주택에 대한 넓고도 깊은 이야기를 독자들에게 전달하는 것을 목표로 일하고 있으며, 최근에는 프리랜서 활동을 통해 다양한 분야로 관심을 넓혀 활동 중이다. 『월간 전원주택라이프』, 『나무신문』 등에서 근무했으며, 저서로는 『마당 있는 집을 지었습니다』(포북, 2019), 『스마트스토어 오너, 나도 이제 돈 좀 벌어야겠습니다!』(포북, 2020)가 있다.

안과 밖이 반복되어 투영되는 중첩적 풍경

집은 안과 밖 공간의 켜들이 중첩되면서 시각적으로 남측 담 너머 풍경과 이어지고 있다. 마당과 1층 응접실은 투명한 경계로 인해 공간이 상호 관입되어 하나의 공간으로 확장되고 있다. 둘은 툇마루로 나눠지는 레벨 차로만 구분된다. 사진의 좌우(동서) 축으로 사랑방 – 마당 – 응접실 – 뒷마당 - 공원으로 이어지는 안과 밖의 중첩된 풍경이 이곳의 일상을 더욱 풍부하게 만든다.

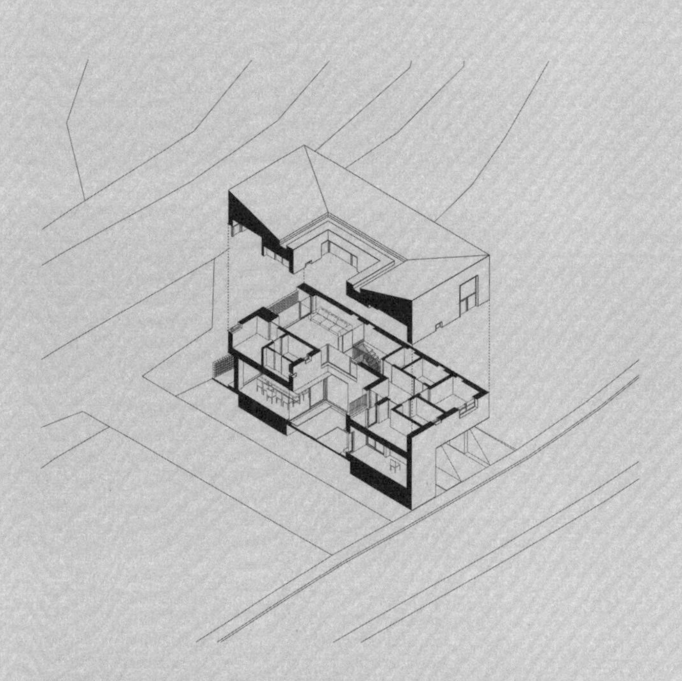

조건과 맥락	하남 풍산지구 택지 지구 내 단독주택 필지로. 남쪽에 보행자 도로, 동쪽에 8미터 도로, 서쪽에 공원을 두고 있는 곳이다. 채광과 공원 조망이 우수하다는 특징도 지니고 있다. 건축주는 고등학생 아들 둘을 둔 부부로, 건축가인 남편은 재택근무를 할 수 있는 별도의 사랑방을 두고자 했고, 아내 또한 개인 작업실이 있기를 바랐다. 아울러 부부는 아파트에서의 편리한 삶도 구현될 수 있을지를 고민했고, 결국 마당이 있는 단독주택이자 아파트의 편리한 삶이 같이 공존하는 집이기를 원했다. 또한 주변 자연 환경을 그대로 느낄 수 있는 집이고자 했다.
위치	경기도 하남시 덕풍동
대지면적	260.80㎡
건축면적	130.07㎡
연면적	258.18㎡
용적률	76.24%
건폐율	49.87%
영상	

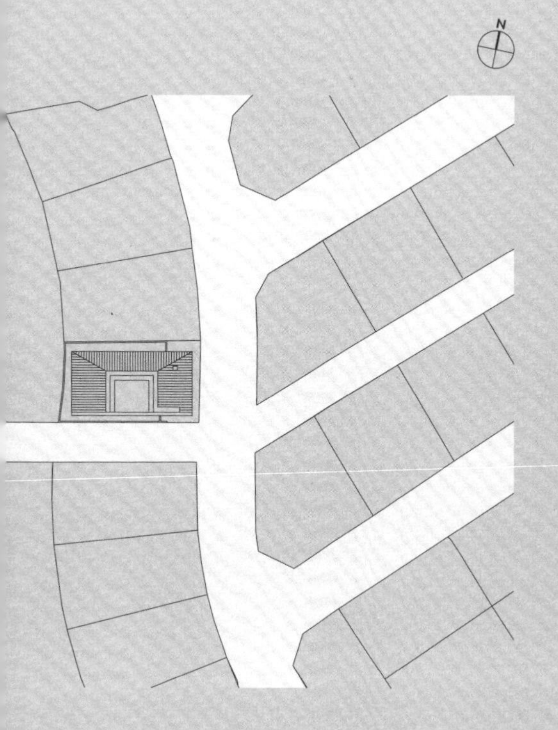
N

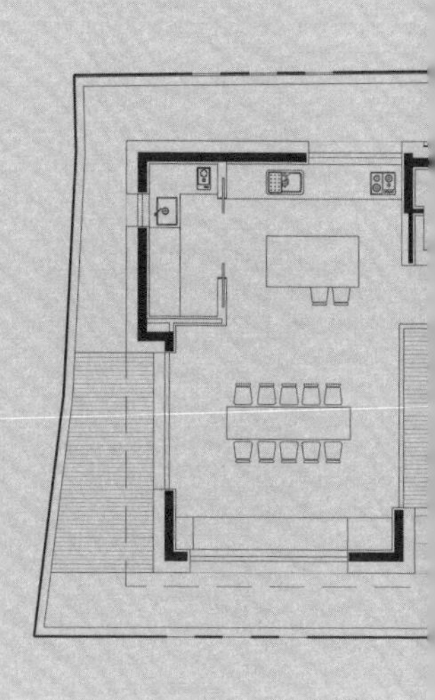

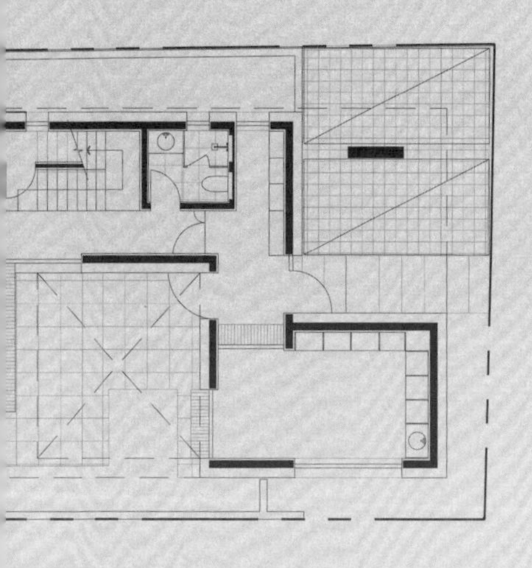

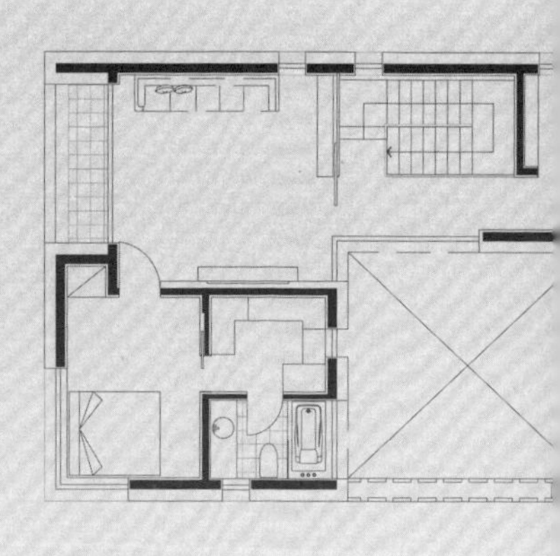

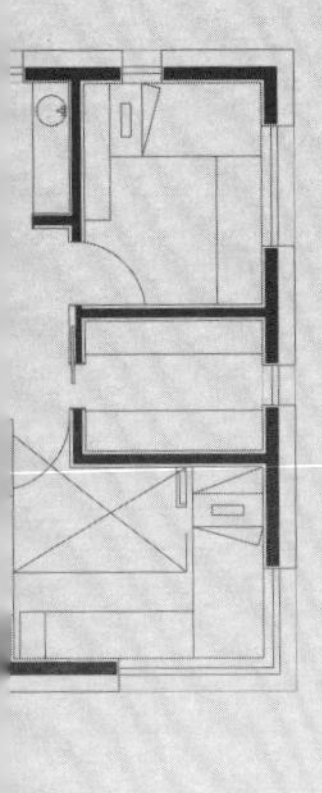

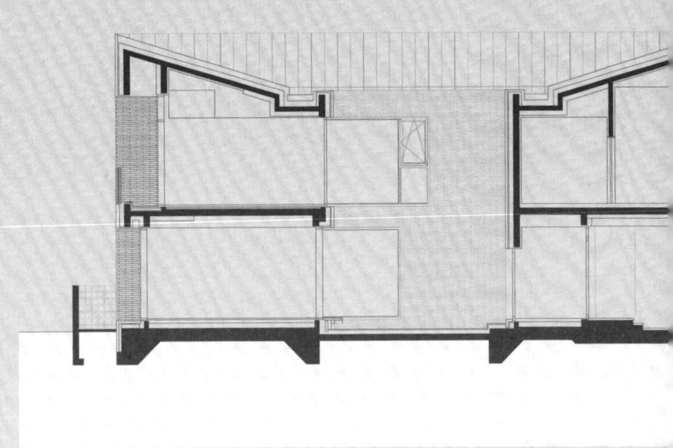

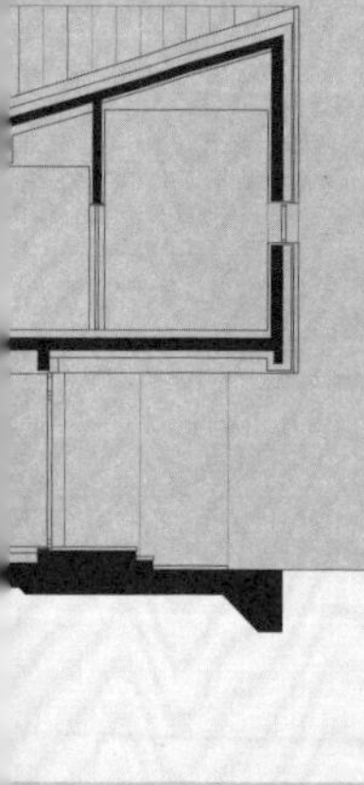

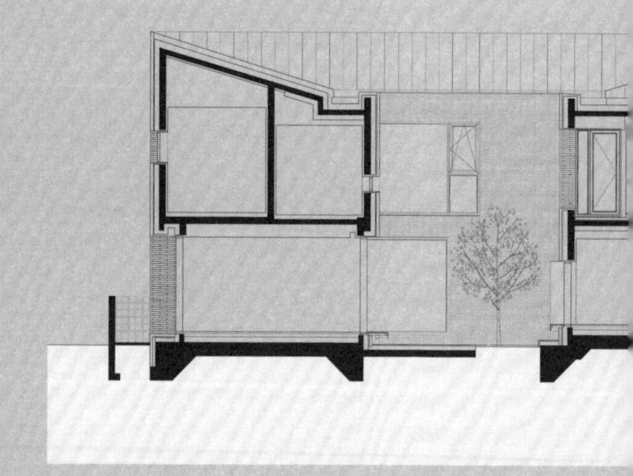

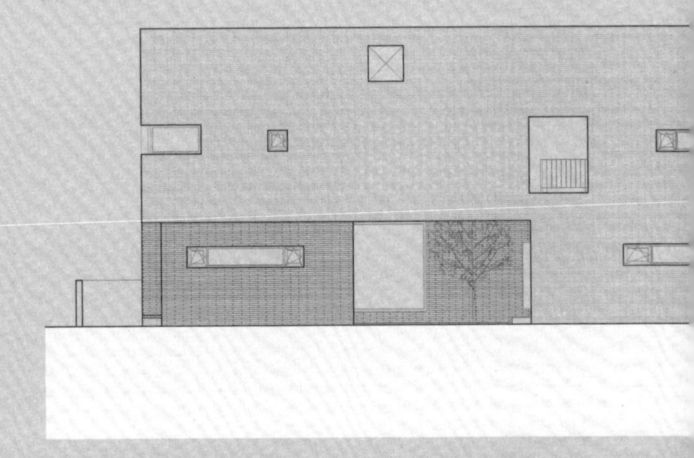

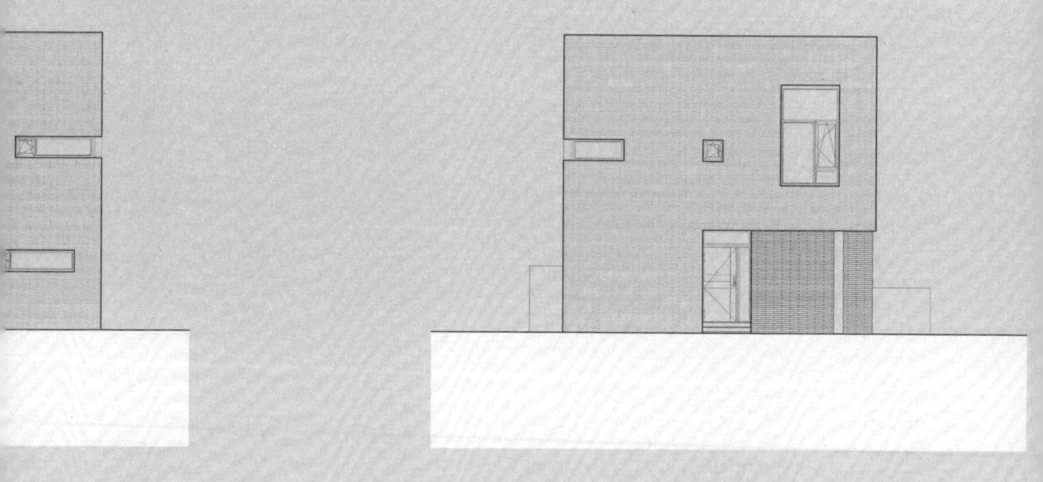

비건폐지, 터의 중심이 되다.

터는 동서로 21미터 남짓, 남북으로 12미터의 직사각형 모양이다. 터는 주변 환경과 삶의 관계를 고려하면서 계획된다. 건축의 앞과 뒤, 방들의 좌향, 생활과 마당 배치, 채광과 조망, 공간의 켜와 겹, 중심과 주변 인식 등의 복합적인 문제는 터에 그어지는 그리드 선으로 시작된다. 진입의 관계로 볼 때 동쪽 도로에서 집은 앞이 되고 서쪽 공원은 뒤가 되는 맥락이다. 햇빛과의 관계로 볼 때 남쪽이 앞이 되고 북쪽은 뒤가 된다. 조망의 관계로 볼 때 서쪽 공원과 마당은 정면성을 지닌다.

여기서 터는 6분할의 그리드로 계획되면서 중심과 주변, 마당과 볼륨, 앞과 뒤, 정면성, 모듈과 비례 등의 관계를 만들어 가게 된다. 그리드 선은 터의 중심에 비건폐지를 비우고 ㄷ자로 채워지는 기하학이 된다. 선들은 더 분화되면서 3개의 마당으로 계획된다. 안마당과 진입마당, 뒷마당이다. 안마당을 중심에 두고 서쪽 공원과의 관계를 고려하여 뒷마당을, 동쪽은 주차장이 되는 진입마당이 계획된다. 터의 중심의 마당을 품은 형태는 삶에 유연하게 변형되는 삶의 기하학이 된다.

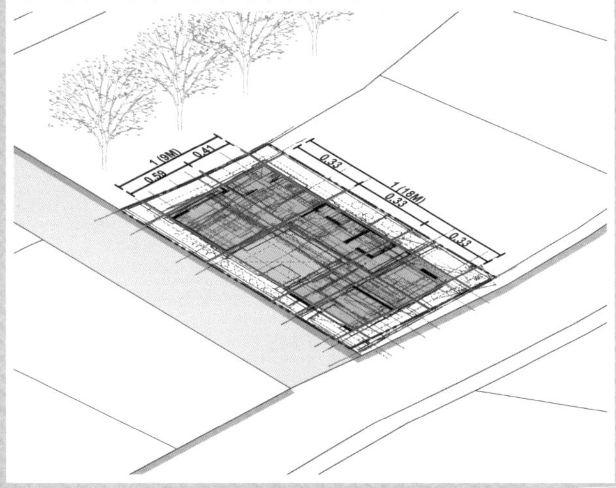

마당, 삶을 관계 조직하다.

여기서 마당은 삶과 관계를 조직하는 생활마당이 된다. 삶의 위계와 영역을 나누고 이어주는 것이다. 손님이 방문할 때의 접속관계, 남편과 아내 영역의 생활관계, 자녀와 부부의 영역관계, 부엌과 거실의 이용관계, 각 방과 자연 경험의 체험적관계 등 상호관계성을 만들면서 조직된다. 마당을 중심으로 방들의 내적, 외적 상호관계를 자유롭게 만드는 것이다.

1층과 2층을 구분해서 외부 손님의 접속영역과 가족들만의 영역이 나눠지고 있는데, 1층은 사랑방과 식당(응접실)을 두고 2층에는 거실과 침실조닝을 두고 있다. 아파트에 익숙한 생활을 고려해 거실을 2층에 배치해 가족들의 영역을 고려한 것이 특징이다.

안마당은 1층에서 남편의 영역인 사랑방과 아내의 영역인 식당(응접실)을 나누고, 2층에서는 부부 생활의 안방 영역과 두 아이들의 영역으로 나누고 있다. 여기서 계단실은 1, 2층을 입체적으로 연계하는 보이드 공간이다.

이처럼 마당과 주변 환경 및 방들은 단순한 기능적이고 고정된 구성 방식 너머, 일상적인 삶의 패턴과 자연의 경험, 가족 간 생활 질서를 만들면서 상호 관계성을 조직하게 된다.

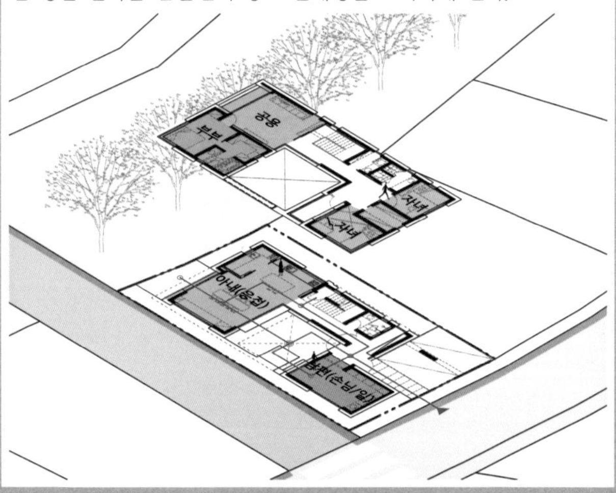

마당, 중첩적 풍경으로 겹쳐지다.

집은 안과 밖의 공간 켜들이 중첩되면서 시각적으로 주변 풍경과 이어지고 있다. 1층으로 진입하면 두 마당과 그사이에 배치된 현관과 식당(응접), 사랑방이 공원 방향으로 시각축을 형성한다. 이때 축 방향의 경계들은 투명한 유리를 통해 안과 밖의 공간들이 상호 관입되어 중첩되는 경험을 만들게 된다.

2층의 경우도 서쪽 공원 방향과 남쪽 보행로 방향으로 시각축을 만들고 있다. 공원, 테라스, 거실, 2층 복도, 아이 방으로 이어지면서 공간의 켜들이 중첩된다. 보행로 방향은 남쪽 마을 풍경과 2층 테라스, 아이 방 홀이 중첩되면서 또 다른 풍경을 선사한다.

이처럼 터가 가진 여러 맥락적 좌향은 삶 속에서 각 실의 위치나 주변 관계에 따라 유동적으로 경험된다. 또한 이러한 전략은 주변의 환경을 삶 속에 끌어들여 더욱 풍부한 일상 공간을 만들어 낸다.

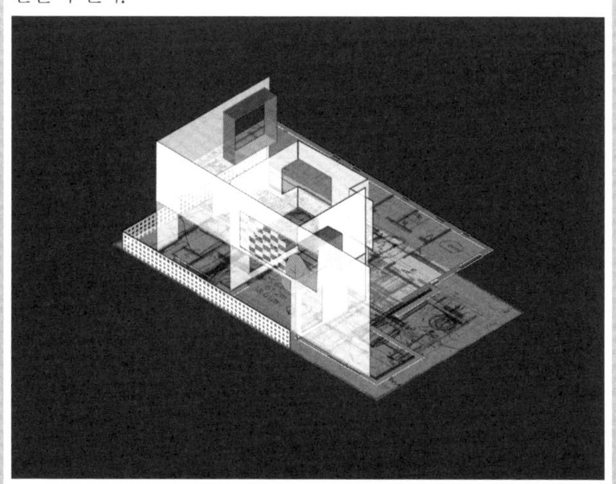

설유담재 薛裕潭齋

익숙함 속에 자유를 담는 법

어린 두 자녀를 둔 맞벌이 부부는 층간소음과 각종 이웃과의
문제에서 자유로울 수 있는 단독주택을 선택했다. 그리고
자녀들이 훗날 성장했을 때, 각자의 공간을 누렸으면 하는
마음에 방마다 개별마당을 두어 독립성을 더했다. 덕분에
가족은 각 실과 연결된 안마당, 사랑마당, 생활마당, 놀이마당
등을 통해 마당 있는 집의 장점을 톡톡히 누리고 있다.

맞벌이 부부라고 알고 있어요. 바쁜 와중에, 주택을 짓는 과정이 힘들지는 않으셨나요?

실제로 둘 다 평일에는 너무 바쁘다 보니까, 주택에 대해 같이 상의할 시간이 부족했어요. 낮에는 서로 직장 생활을 하고 저녁에 만나서 협의를 하다 보면, 새벽 시간이 되기 일쑤였죠. 주택과 관련해 알아보면 알아볼수록, 하고 싶은 것도 많아지고 욕심도 많아져서 준비할 부분들이 많더라고요. 서로 다투기도 했었는데, 치열하게 고민한 덕분에 모두가 바라던 주택이 완성될 수 있었던 것 같아요.

어떤 점에서 의견 차이가 있었을까요?

구조 자체는 확정된 상태에서 디테일한 것들을 잡아나가기 위해 여러 의논을 거쳤어요. 직선이 좋냐 곡선이 좋냐부터 시작해서 색깔, 각종 취향 등 합의해야 할 부분이 많았죠. 예상치 못한 점들도 있었고요. 예를 들어, 아일랜드 식탁도 지금과 같은 블랙 색상이 아니었어요. 코로나로 인해 수입이 늦어지면서 일정이 맞지 않아, 차선책을 선택한 것이죠. 원래 의도와는 달라졌지만, 아일랜드 식탁에 맞춰서 다른 가구나 제품들을 배치하고 나니 또 다른 느낌을 받을 수 있어 괜찮은 것 같아요.

주택 생활은 누가 먼저 제안하셨나요?

남편인 제가 먼저 주택 생활을 해보면 어떻겠느냐고 권유했어요. 원래부터 단독주택 생활을 꿈꿨었거든요. 아내는 처음에는 별로 하고 싶어 하지 않아 했는데, 우연한 계기를 통해 집을 지어야겠다고 결심하게 됐죠. 고층 아파트 중간을 살펴보면, 건축법상 중간에 대피소 공간을 두잖아요. 아무래도 아이들이 어리다 보니, 층간소음 같은 문제에서 보다 자유롭게 지내고자 하는 마음에 그 비워진 중간 공간의 바로 위층 아파트를 사자고 계획했거든요. 그런데 그곳을 매입하려는 과정에서, 생각보다 일이 잘 풀리지 않았죠. 그때 둘 다 결심했어요. '그래, 이렇게 된 거 단독주택으로 가자!'라고요.

남편분께서는 어떤 점에서 단독주택에 대한 로망을 가지셨나요?

어렸을 때의 기억 때문이에요. 제가 살던 집이 단독주택 건너편에 있는 아파트였는데, 매일 건너편에 있는 단독주택을 보면서, '단독주택에 살면 어떨까'라는 생각을 계속 갖게 됐었어요. 그리고 결정적으로, 아파트가 공동주택이다 보니 생길 수 있는 여러 문제 때문이었죠. 예를 들어, 거주하던

아파트가 층별로 쓰레기 배출을 해결할 수 있는 곳이었는데, 여러 사람이 사용하다 보니 제 생각만큼 깔끔하게 유지가 되지 않더라고요. 다 같이 깨끗하게 사용하면 좋을 텐데, 그렇지 못한 점들을 보며 많은 스트레스를 받았었죠.

부지를 선정할 때 고려한 사항이 있었을까요?

1년 넘게 집 지을 곳을 알아보러 다녔었는데요. 병원과 지하철, 편의시설 등이 가까운 곳인지가 가장 중요했던 것 같아요. 그렇다 보니 도시 안에 있는 곳들을 주로 보러 다녔고, LH에서 분양했던 이곳을 택했죠. 처음 고를 때만 해도 반 이상이 남아있던 것 같은데, 저희가 구매하고 나서 얼마 안 있어서 전부 분양이 완료됐더라고요. 타이밍이 좋았던 것 같아요.

분양이 빨리 완료될 수 있었던 원인에는 코로나의 영향도 있었을까요?

저희가 집을 지어야겠다고 마음먹은 시점이 코로나가 막 퍼지기 전이었던 것 같은데요. 집을 딱 지을 때쯤부터, 코로나가 심해지기 시작했던 것 같아요. 자연스럽게 각종 방송매체에서 단독주택에 대한 내용들도 많이 나오고 하면서, 그 당시 지인들이 '집 짓는다며?'라고 많은 관심을 주기도 했어요.

집 이야기를 해볼게요. 각 실과 연결된 마당들이 이곳의 장점인 것 같아요.

저희 집은 1층에 총 네 개의 마당이 있는데요. 가장 많이 사용되는 안마당과 게스트 룸과 연결된 사랑마당, 주방과 연결된 생활마당, 아이 방과 연결된 놀이마당이 그 예죠. 두 아이뿐만 아니라, 게스트 룸에 방문하는 손님들도 개별마당을 즐길 수 있다는 점이 참 좋은 것 같아요. 아이들에게 하나씩 개별마당을 꼭 주고 싶다는 마음에 지금과 같이 계획하게 됐는데, 만족스러워요. 지금은 아이들이 너무 어려서 그 장점을 잘 모르겠지만, 지금보다 성장하면 본인들의 공간이 필요할 거잖아요. 유용하게 활용했으면 하는 바람이죠. 그리고 2층 테라스(옥상마당)의 경우에도 외부와 직접적으로 소통할 수 있는 소중한 공간이고요.

마당과 방들이 자연스럽게 짝을 이루게 된 거네요.

말씀하신 것처럼 저희 집은 거실을 중심으로 마당과 방이 전체적으로 상호관계를 맺고 있다고 봐주시면 돼요. 거실과 주방 영역이 가장 큰 안마당과 짝을 이루고, 2개의 아이 방이 각자의 마당과 짝을 이루는 것처럼요. 덕분에 아파트에 익숙한 거실 중심의 생활을 유지하면서도 마당과 상호관계를 만들어 새로운 단독주택의 삶도 경험할 수 있죠.

마당마다 다른 풍경을 가지고 있다는 점도 눈에 띄더라고요.

방마다 마당을 두고 있다 보니, 각 방의 성격이나 주변 환경에 따라 또 다른 모습을 볼 수 있다는 점이 저희 집의 큰 특징인 것 같아요. 한 예로, 거실 및 주방과 연계된 안마당의 경우, 주생활을 위한 영역은 돌로 포장을 하고, 담장 쪽으로는 담장과 어울리는 정원을 조성해 생활과 정원을 고루 즐길 수 있죠. 여기서 담장의 경우에는 외부인의 시선을 차단할 수 있는 높이로만 올렸기 때문에 남쪽에 위치한 산을 즐길 수 있어 좋아요. 2층 작업실과 연계된 옥상마당도 사방으로 열려 있어 주변 마을의 풍경을 누리기에 안성맞춤이죠.

이 중에서도 안마당의 활용도가 가장 높은 것 같은데요. 주로 어떻게 시간을 보내시나요?

담장이 있어 프라이빗하게 즐길 수 있다 보니, 주로 아이들과 공놀이를 하거나 활동적인 놀이를 할 때 다양하게 활용하고 있어요. 특히 수돗가가 있어서 물총놀이를 할 때 제격이죠.

여러 개의 마당이 있었으면 하는 바람이, 설계 시 요구했던 사항 중 하나였을까요?

맞아요. 크게 세 가지를 요구했었는데요. '방마다 마당이 있었으면 좋겠다', '저희 가족생활의 중심이 되는 거실과 주방은 높은 층고와 넓은 면적이었으면 좋겠다', '오래 살 수 있는 집이었으면 좋겠다'였어요. 맞춤형 단독주택을 짓는다는 게 평생에 몇 번이나 할 수 있는 일이겠어요. 아이들도 어리고 하니, 최소한 모두 성장할 때까지 오래 거주해야겠다는 생각이 있었죠. 그런데 지금 이렇게 살아 보니, 살면서 기회가 된다면 한 번쯤은 더 지어보고 싶어요.

내부를 살펴보니, 유독 주방 동선이 눈에 띄더라고요.

저희 집의 경우에는 메인 주방이 가장 뒤쪽에 배치돼 있어요. 덕분에, 거실과 연결된 주방 공간은 깔끔하게 유지할 수 있는 장점이 있죠. 찌개나 생선 등을 요리할 때나 고기를 구울 때도 뒤편에서 할 수 있어 냄새 면에서도 자유롭고요. 손님들이 방문한다고 하더라도 꼭 100% 깔끔하게 치우지 않을 수 있어 좋아요. 실제 요리를 하는 공간을 따로 배치한 셈이니, 거실과 연결된 주방은 늘 쾌적하게 관리되는 셈이죠.

아이들이 주택에 오고 나서 달라진 점도 있을까요?

아무래도 아이들이 남의 눈치를 안 보고 놀 수 있는 공간이 생겼다는 점이 가장 크죠. 아이들 친구들도 유독 좋아해요. 아파트에 있을 때는 쿵쿵거리지 마라, 소음내지 마라 등 잔소리할 점이 많은데 이곳에서는 자유롭잖아요. 일종의 금기에서 벗어나게 된 거죠. (웃음) 대신에 주의해야 할 점도 있는 것 같아요. 아무래도 계단이 있는 주택이다 보니, 아이들이 부딪히거나 예상치도 못한 부분에 다칠 수도 있어서 항상 눈여겨봐야 하죠.

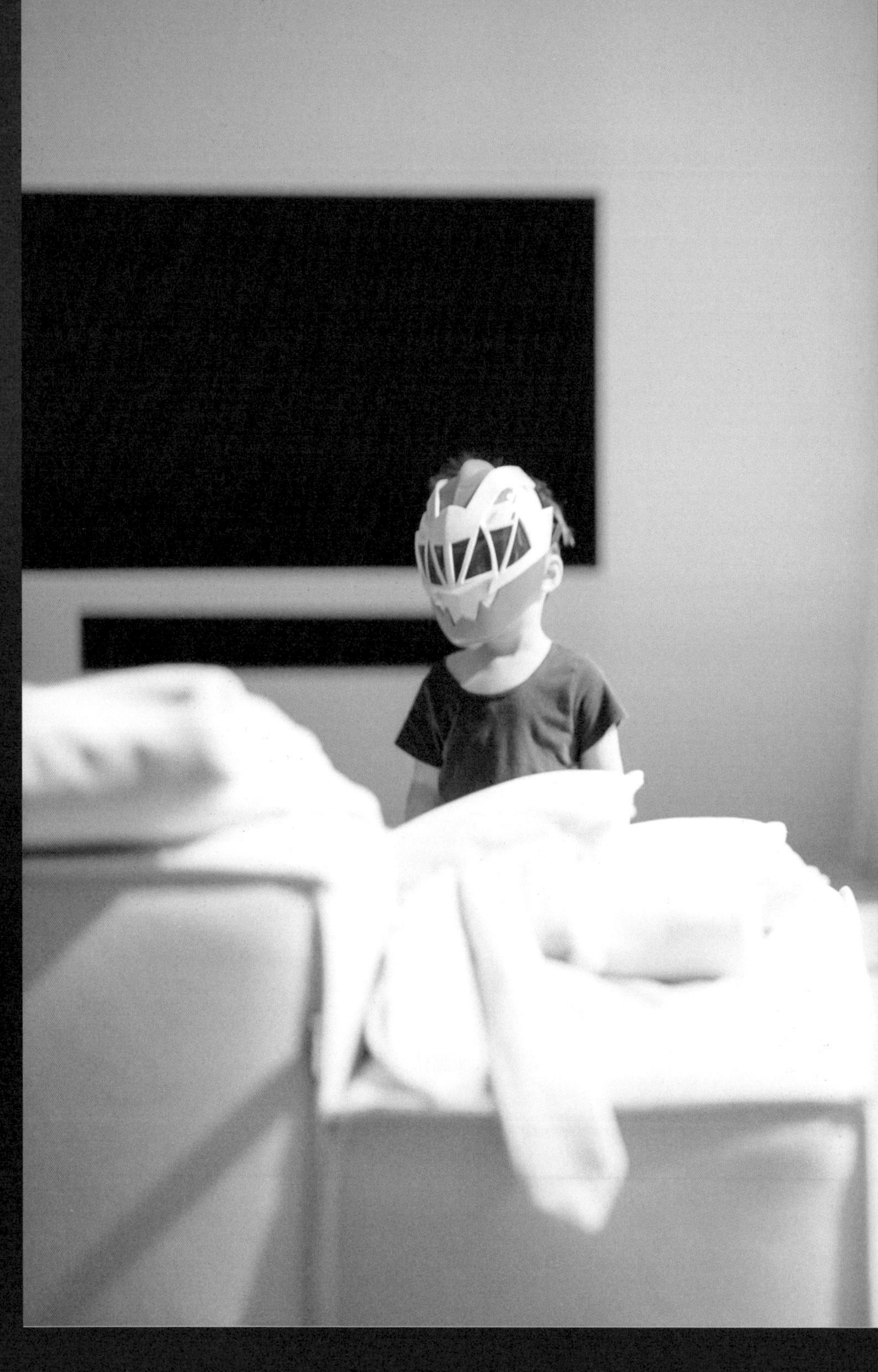

터를 나누면서 프로그램화 되는 다중적 풍경

마당은 삶 속에서 방들과 짝을 이루면서 상호 관계를 맺고 있다. 또한 방들의 성격이나 주변 환경과의 관계 속에서 각기 다른 모습과 좌향을 갖는다. 여기서는 담장으로 둘러싼 안마당이 생활의 중심이면서 거실과 연계되고 있다. 안마당은 생활을 위한 바닥은 돌로 포장하고, 담장 쪽으로는 정원을 조성해 생활과 정원을 같이 하는 풍경이다. 2층 남편의 취미실은 거실 좌향과 직교되는 방향으로 테라스 마당을 두고 있음을 볼 수 있다.

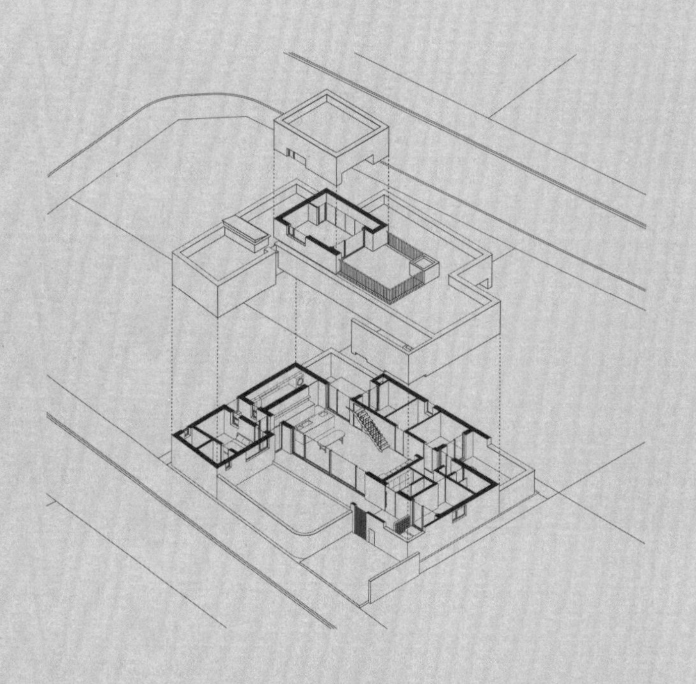

조건과 맥락	김포 택지지구의 단독주택지다. 두 명의 아들을 둔 젊은 부부는 외부에서는 닫히고 내부적으로는 열린 마당 집을 원했다. 아울러 아이들 방에서도 마당을 접하고 전체적으로 채광이 잘 되는 밝은 집이었으면 했다. 가족의 생활 중심이 되는 거실과 주방이 높은 층고와 넓은 면적이기를 원한 것도 요구사항 중 하나였다. 땅은 넓지만 예산에 맞게 규모와 디자인의 시공성을 고려한 계획이 필요한 집이었다.
위치	경기도 김포시 장기동
대지면적	441.60㎡
건축면적	171.60㎡
연면적	200.59㎡
용적률	45.02%
건폐율	38.86 %
영상	

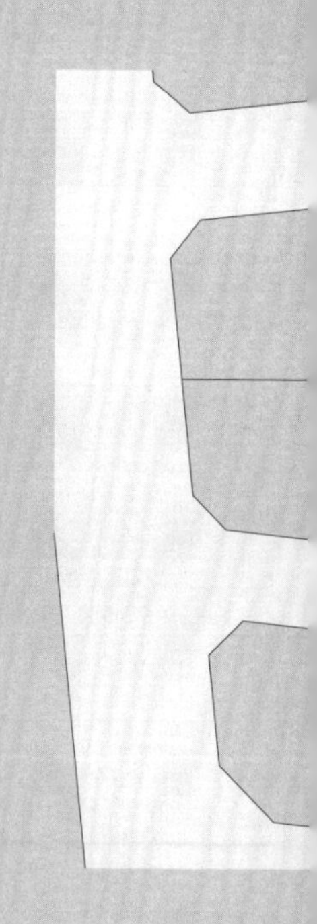

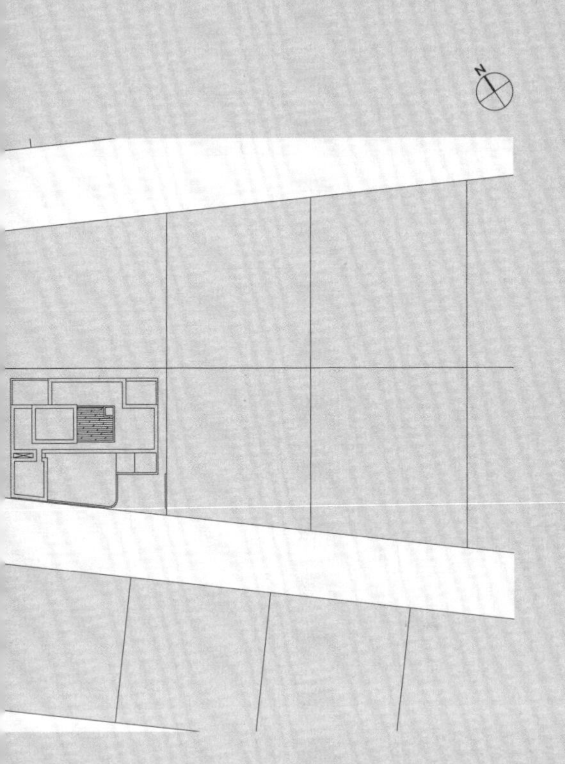
N

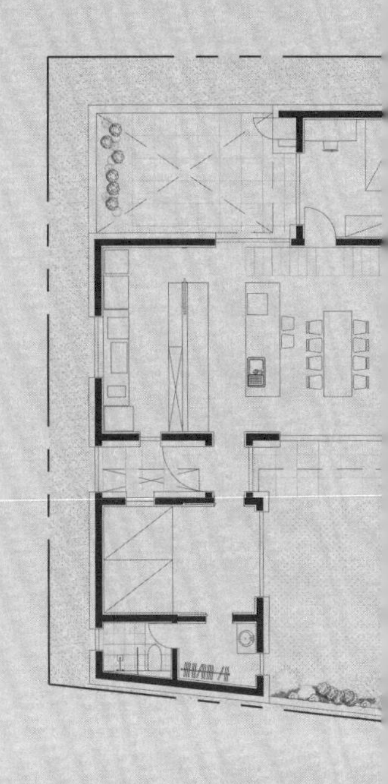

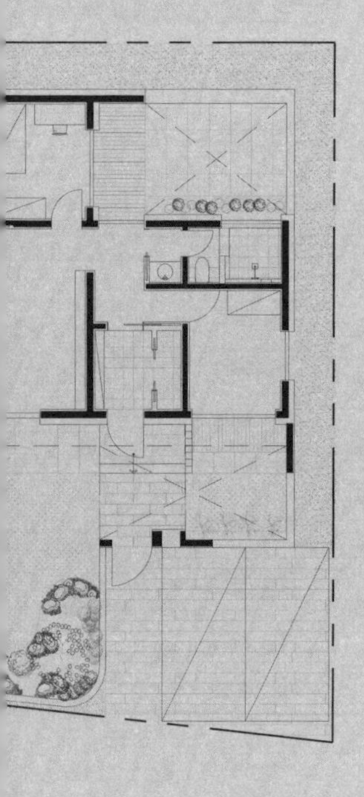
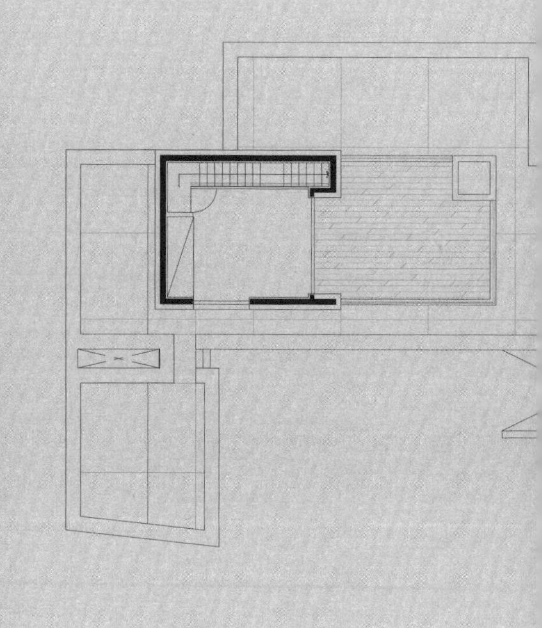

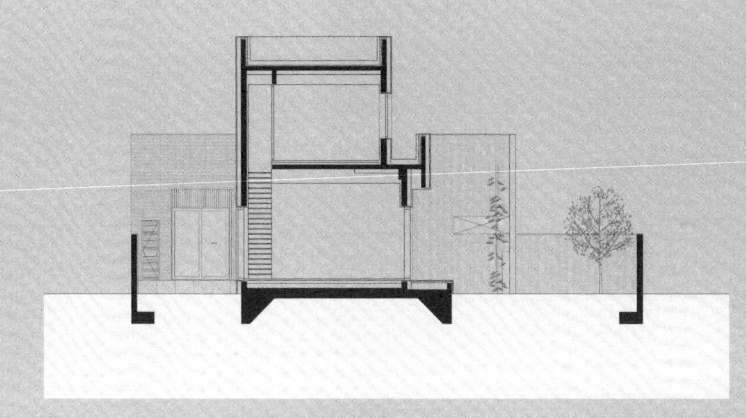

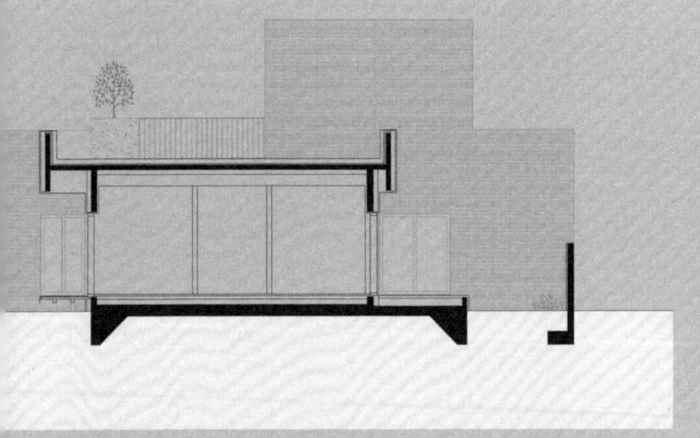

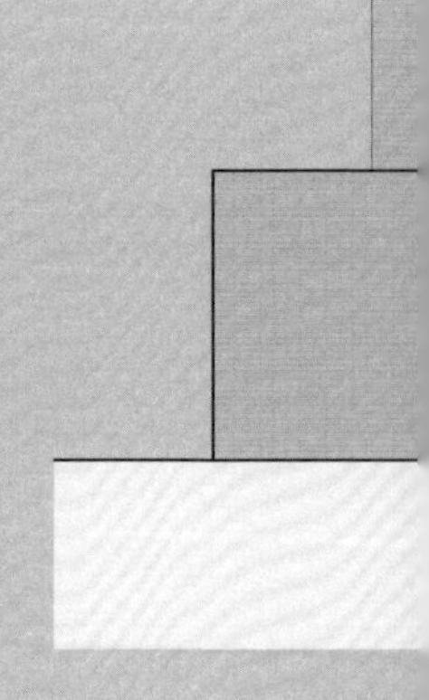

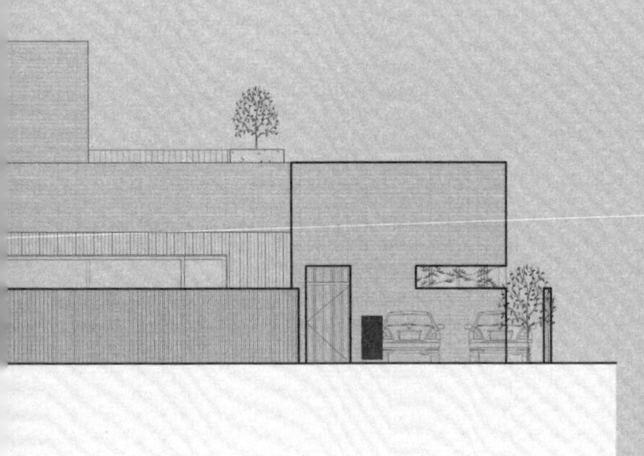

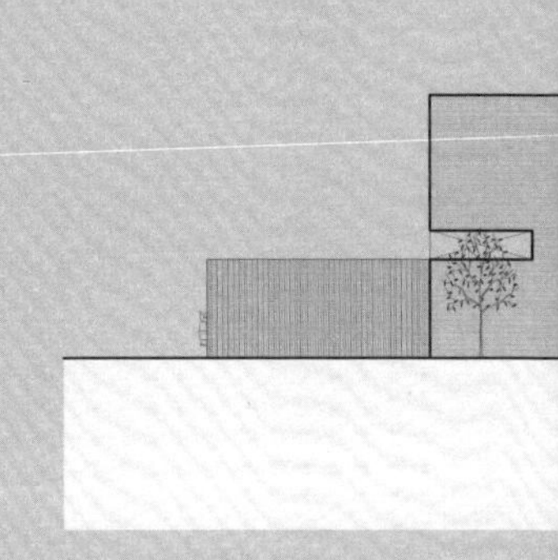

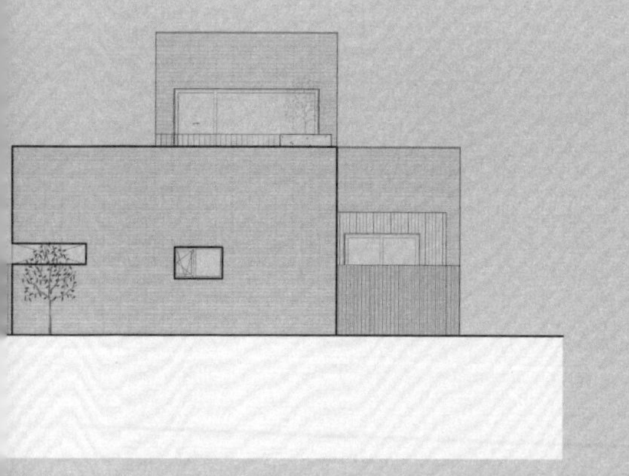

터를 9분할 그리드로 형식화하다.

택지지구의 단독주택지 면적으로는 큰 편으로, 건폐율 40%의 단층 면적이 주 계획의 대상이 되었다. 요구사항 중 거실과 주방 영역이 삶의 중심이고자 했던 것을 계획의 출발점으로 삼았다. 터의 중심에 거실과 주방 영역을 배치하고 안방 영역, 아이 방 영역, 손님방 영역이 거실 영역과 관계를 조직하면서 터는 9분할 그리드로 계획했다. 9분할 그리드는 채워진 방들과 비워진 마당이 서로 짝을 이루도록 계획했다. 이를 통해 전체적으로 닫힌 구조를 형성하면서 마당은 4개로 나눠지고 각 영역들과 짝을 이루게 된다. 그리드는 터를 비움과 채움으로 반복하면서 삶의 내용을 채우는 형식이 되는 것이다.

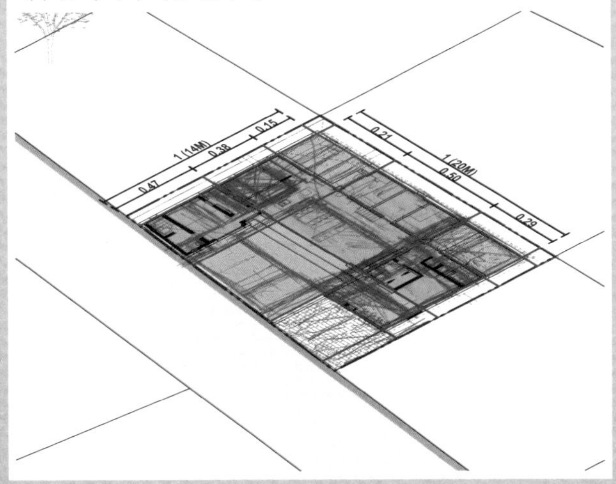

마당, 방들과 상호관계하다.

9분할의 그리드로 형식화된 마당과 방들은 상호 관계를 가지면서 삶을 조직하고 있다. 거실이 터의 중심이 되면서 나머지 내부 방들은 거실과 직접 연계되는 동선을 하고 있다. 그러면서 마당들은 방들과 짝을 이루며 상호 관계를 만들게 된다. 거실과 주방 영역은 가장 큰 안마당과 짝을, 현관 옆 손님방도 사랑마당과 짝을, 2개의 아이 방도 각자의 마당과 짝을, 2층의 작업실도 옥상마당과 짝을 이루고 있다. 아파트에 익숙한 거실 중심의 생활을 유지하면서도 마당과 상호 관계를 만들어 단독주택의 삶을 결합하는 것이다. 이러한 상호 관계된 조직은 주인 영역과 손님 영역, 부부 영역과 아이 영역, 1층 주거 영역과 2층 작업 영역, 공적 영역과 사적 영역이 복합적으로 관계 조직되고 있다.

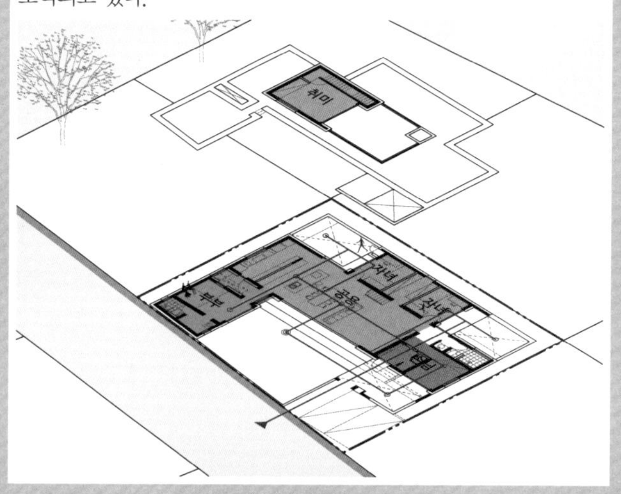

마당, 안과 밖의
다중적 풍경이 되다.

집은 전체적으로 닫힌 방식을 취하고 있는 반면, 마당은 삶 속에서 방들과 짝을 이루면서 내부화되고 있다. 마당은 방들의 성격이나 주변 환경과의 관계 속에서 각기 다른 모습으로 계획되는 다중적 풍경이 된다. 거실과 주방과 연계된 안마당은 생활을 위한 영역은 돌로 포장하고, 담장 쪽으로는 담장 물성과 어울리는 정원을 조성해 생활과 정원을 같이 구성했다. 담장은 시선 차단 높이로만 계획하여 담장 너머로 남쪽 산이 조망된다. 손님방과 연계되는 사랑마당은 높은 담장으로 위요를 만들고, 경계벽에 대나무를 심어 운치를 더하고 있다. 또한 방과 연장되는 툇마루를 두어 사랑방만의 독립된 마당풍경이 만들어지고 있다. 2개의 아이 방과 연계되는 마당은 낮은 담장과 돌바닥을 미니멀한 식재로 구성해 안과 밖을 구분하기보다는, 내외부가 서로 관계를 만드는 상호적 풍경이 된다. 2층의 작업실과 연계된 옥상마당은 위요 없이 사방으로 열린 마당으로 주변 마을 풍경을 누리는 장소로 자리한다.

여기서 마당은 각기 다른 일상의 방과 마당이 상호적 관계를 만들면서 방과 마당이 짝으로 전체화된 다중적 풍경이 되고 있다.

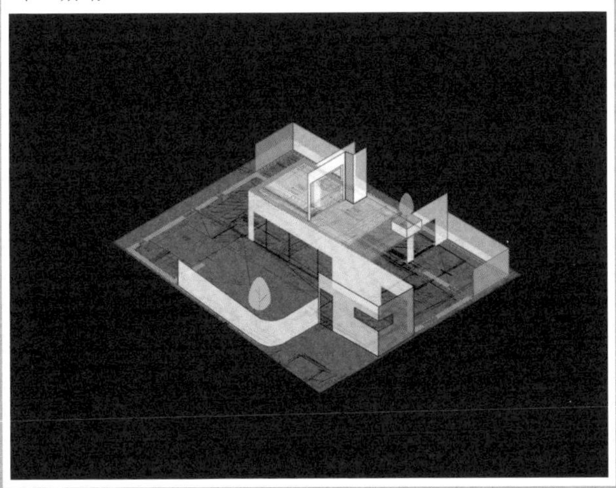

필경재 泌慶齋

8개의 마당, 그 속에 피어난 예술

'궁금증을 자아내는 집'. '필경재'를 잘 나타낼 수 있는 문장 중 하나다. 모던하면서도 무게감 있는 문양 콘크리트가 시선을 끄는 이곳은, 크고 작은 8개의 마당과 큰 스케일(Scale) 덕분에 지나가는 이들의 시선을 붙잡는 독특한 공간으로 탄생했다. 특히 '여러 개의 문'을 거쳐야만 외부와 만날 수 있었던 예전 아파트 생활과 달리, 이제는 창 하나로 외부 공간과 소통하며 열린 삶을 누릴 수 있게 됐다는 건축주 부부. 그들의 삶을 바꾼 양평 '필경재'를 만나보았다.

너무 멋있는 집이 탄생한 것 같은데요. 집을 짓게 된 계기가 있을까요?

남편이 먼저 단독주택을 짓고 살아보자는 제안을 했어요. 처음에는 도심을 떠나 과연 잘 적응할 수 있을까 하는 불안감에 좀 망설여지더라고요. 그런데, 몇 년 정도 남편과 함께 여러 지역을 알아보고서는 결심이 섰죠. 실제로 집을 지어보니, 이러한 집 짓는 과정들을 통해 오롯이 가족에게만 집중할 수 있는 소중한 계기가 된 것 같아 감사한 마음이 커요.

많은 지역 중에, 이곳을 선택한 이유가 있을까요?

저희 부부만의 라이프 스타일을 유지할 수 있도록 도심에서 완전히 벗어난 지역은 아니길 바랐어요. 서울, 일산, 김포, 용인 등 여러 지역을 보러 다녔었는데, 도시와 시골 개념이 적절히 섞인 양평이 가장 마음에 들었죠. 서울로 오갈 수 있는 교통편도 좋은 편이고요. 더군다나 남편이 워낙 '물'을 좋아하는데, 이곳 양평이 물과 밀접한 지역이기에 본능적으로 느낌이 통했던 부분도 있는 것 같아요.

집의 공간들을 살펴보면, 유독 필경재만의 매력이 묻어나오는 것 같아요.

원래 남편 성격이 새롭거나 궁금한 것에 대한 호기심이 많은 편이에요. 그래서 가족만의 프라이빗한 공간을 짓되 남들에게 궁금증을 유발할 수 있는 집을 짓고 싶다는 결론을 내렸죠. 지나가던 사람들이 '저 공간은 뭘까'라는 물음을 자아내는 집이요. 이러한 점이 건축가님과도 의견이 잘 맞았던 부분인 것 같아요. 무엇보다 480평 크기의 대지를 접하면서 건폐율 20%를 어떻게 채울 것인가가 중요한 숙제가 되는 땅이었는데, '당신(건축가)의 생각 속에 살고 싶다'는 방향성 아래, 작품성과 거주성을 겸비한 개성 있는 주택이 탄생할 수 있었죠.

여러 개의 마당도 매력적으로 다가올 것 같아요.

저희 집은 크게 주거동과 작업실 두 동으로 나뉘어져 있는데요. 주거동은 ㅁ자형 형태, 작업실 동은 ㅡ자형 형태를 띠고 있고, 동쪽을 정면으로 마당들과 함께 배치했어요. 이를 기반으로 향과 조망, 활용성 등의 상호관계를 만들면서 8개의 마당이 존재하는 거죠. 무엇보다, 크고 작은 마당들이 곳곳에 있다 보니 저희 부부의 삶 자체에도 큰 변화가 나타났어요. 일어나기가 바쁘게 회사로 출근하는 삶이 아니라, 아침에 일어나면 마당에 나가 각종 식물에 물을 주고, 주변 풍경을 바라보기도 하면서 일상의 여유로움을 즐기고 있어요. 특히 아침에 안방 마당에서 마시는 커피 한잔이 힐링 포인트 중 하나에요. 가장 먼저 해가 드는 공간인데, 조용하면서도 크기가 적당해서 정말 좋아요. 남편이 가장 애정하는 수변마당 역시 자주 찾게 되는 장소 중 하나가 됐죠.

각 마당에서 바라보는 풍경도 다를 것 같은데요.

먼저 부지의 특성상 조망과 채광의 방향, 진입의 방향이 제각각이라 집의 주가 되는 방향을 잡는 문제가 중요했었는데요. 결과적으로는 집 전체가 동쪽을 보고 있지만, 각 실의 용도와 방향, 마당의 위치에 따라 풍경을 바라보는 방향이 바뀌도록 지어 조건의 한계를 극복했어요. ㅁ자형의 주거동을 예로 들자면 거실 앞 바깥마당은 동쪽 풍경을 끌어들이는 한편, 안방과 서재, 욕실과 짝을 이루는 마당들은 다른 방향의 풍경을 즐길 수 있죠. 뿐만 아니라 ㅡ자형의 긴 작업실 동은 남쪽에 긴 마당을 두어 작업실에서 남쪽 마당 풍경을 바라볼 수 있고, 작업실과 이어지는 서쪽 수변공간은 그 자체가 주변 자연과 하나인 것 같은 모습을 보여줘요. 이처럼 각 마당이 내부 공간과 상호작용을 하면서 주변 환경과 이어지는 게 참 신기해요.

내부 설계도 궁금해요.

개인 공간을 많이 줄이고, 공용 공간을 크게 확장한 편이에요. 개인 공간은 굉장히 작은 편인데, 전체적인 공간 비율을 건축가님이 잘 조절해서 반영해주신 것 같아요. 특히 프라이버시 확보를 위해 개인 공간의 경우에는 창을 많이 내지 않은 서쪽에 배치한 것이 특징이죠. 가장 안쪽으로는 침실과 욕실을 둔 덕분에 활용도 측면에서도 만족스러운 편이에요. 그리고 동쪽으로는 거실과 주방, 다이닝 공간을 한데 계획했는데, 개방적인 구조 덕분에 환기 문제에서도 자유로울 수 있었어요.

주거 외에도 전시 공간과 디자인 구상을 위한 작업실 동을 따로 계획하셨는데요. 혹시 일과 주거 공간이 지척에 있다 보니 발생하는 스트레스는 없었을까요?

이곳에서 바뀐 변화 중 신기한 점이 하나 있는데요. 바로 일과 일상생활과의 경계가 모호해졌다는 점이었죠. 남편이 디자인 쪽 관련 일을 하다 보니 늘 머릿속 깊은 곳까지 생각이 많아 서울에 거주할 때는 늘 피로가 쌓여 보았어요. 그런데 지금은 일이 항상 옆에 놓여 있는데도 그때보다 스트레스를 덜 받는다는 게 눈에 직접적으로 보이더라고요. 직업이 삶의 한 부분으로

녹아들면서 또 다른 삶이 펼쳐지고 있는 것이죠. 단독주택에서만 느낄 수 있는 긍정적인 감정들 덕분인 것 같아요. 특히 집 곳곳에 예술 작품이나 그림들이 놓여 있는데, 단독주택에 설치하니 아파트보다 색감도 조금 더 부각이 되어서 좋은 점도 있죠. 앞으로도 이 공간을 통해서 지금까지 수집했던 미술품이나 작은 소품 등을 주변 사람들과 공유하며 소통하고 싶다는 꿈이 있어요.

이곳에 살면서 가장 좋은 점이 있다면요?

여러 가지가 있겠지만, 안과 밖의 경계가 많이 없는 편이라는 점이 마음에 들어요. 예전 아파트 생활에서는 굉장히 많은 '문'을 열어야만 외부로 나갈 수 있었었죠. 현관문을 열고 엘리베이터를 타서 주차장 문을 열어 차를 타거나 걸어 나와야만 밖이라는 외부 공간으로 나갈 수 있었던 거예요. 그런데 지금은 창 하나만 열면 바로 외부 마당과 만날 수 있죠. 그렇다 보니 사람이 더 열린 마음을 갖게 되는 것 같아요. 아파트의 경우에는 단지 내 커뮤니티 공간이 있지만 실제로 주민들과 많은 소통이 이뤄지지는 않잖아요. 하지만 이곳에서는 근처 분들과 각종 먹거리를 나누어 먹거나 소소한 일상을 나누는 등 사람이 살아가는 냄새를 느낄 수 있어 좋죠. 저희가 정말 도심에 적합화된 사람들이라고 생각했는데, 이렇게 양평 살이에 잘 적응하게 될지는 몰랐어요. 농담으로 서울

가로수길에 자주 가던 스페인 음식점이 좋아, 지금 단독주택에서 바쁘게 일하는 삶이 좋아라고 질문하기도 해요. (웃음) 어느 것을 한 가지 딱 고르기 어려울 정도로 지금의 삶에 만족해요.

주택을 짓게 되면서 느낀 점도 있을까요.

예술 작품 중, 마지막 끝판왕은 건축 예술이라고 생각해요. 기왕에 집을 짓는다면, '나만의 작품이 되어야 하지 않을까'라고 여기죠. 누구에게나 멋있으면서도, 내 만족도가 높은 집이었으면 했어요. 그런 점에서 저희 부부는 그 꿈을 이룬 셈이죠. 다만, 아무리 설계와 시공을 잘한다고 해도, 주인의 열정이 들어가지 않는다면 좋은 결과물을 기대할 순 없어요. 세심한 설계 작업과 꼼꼼한 시공 등 많은 준비 끝에 집을 짓는다면 평생 행복한 삶을 누릴 수 있다고 생각합니다.

주변 환경 속으로 확장되는 수평적 풍경

거실과 함께 조직된 바깥 마당은 그 자체가 풍경이 되면서, 주변 환경을 끌어들이며 자연 속으로 풍경을 확장시킨다. 거실과 마당은 레벨 차이를 두면서 사이에 처마 깊은 넓은 테라스 공간을 두어 안과 밖을 자연스럽게 잇고 있다. 여기서 담장은 주변 자연과 마당을 경계 지으면서도 담장 너머 자연을 잇는 인터페이스가 된다.

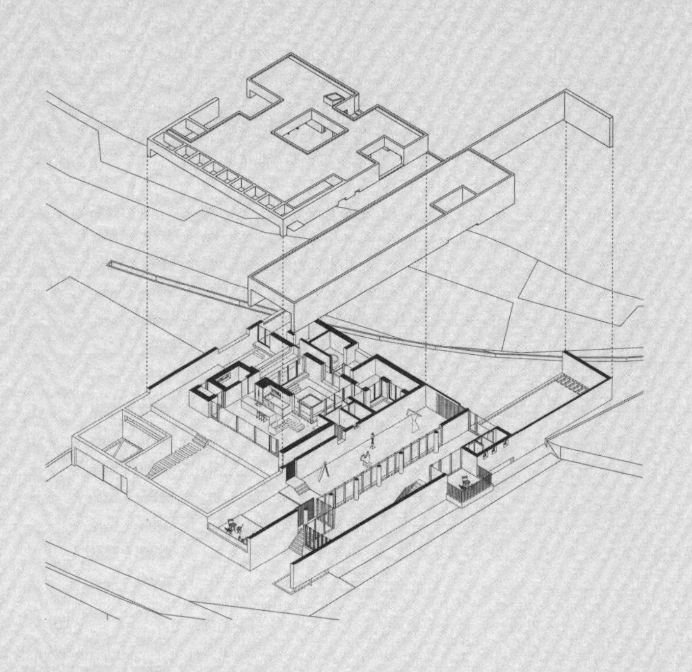

조건과 맥락	서울에 오래 거주했던 부부는 도시를 떠나 전원에서 주택의 삶을 살고 싶어 했다. 양평으로 삶의 장소를 정하고 남편의 작업실 동과 거주를 위한 주택 동을 원했다. 평범한 주택보다는 작품성과 거주성을 겸비한 건축주만의 개성 있는 집이고자 했다. 480평 크기의 대지를 접하면서 20%의 건폐율을 어떻게 채울 것인가가 중요한 숙제가 되는 땅이었다. 조망과 채광의 방향, 진입의 방향이 제각각이었기에 집의 주 좌향을 잡는 문제도 중요했다.
위치	경기도 양평군 서종면
대지면적	856.00㎡
건축면적	168.86㎡
연면적	168.86㎡
용적률	19.73%
건폐율	19.73%
영상	

N

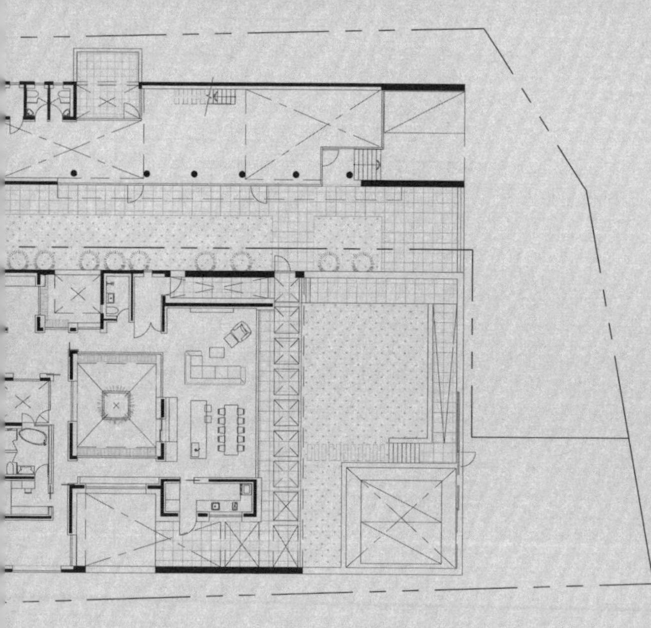

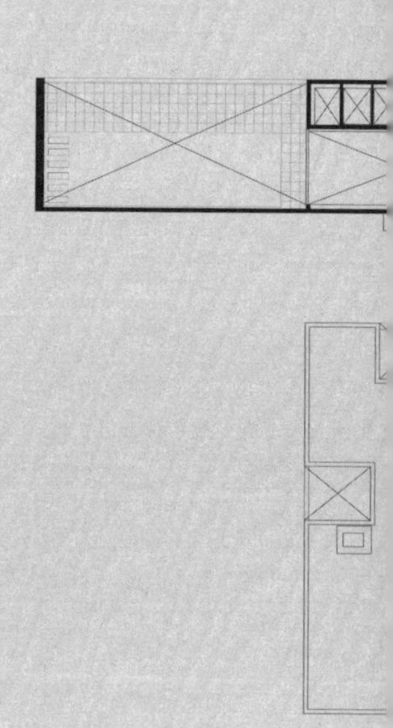

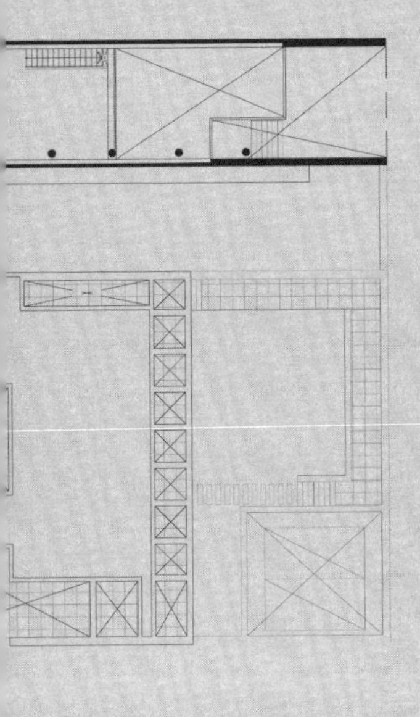

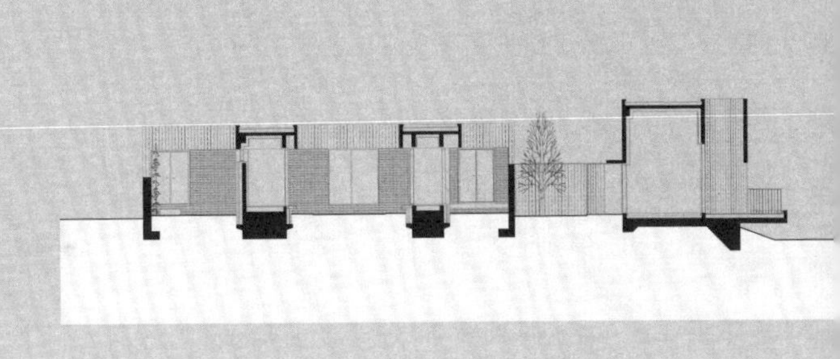

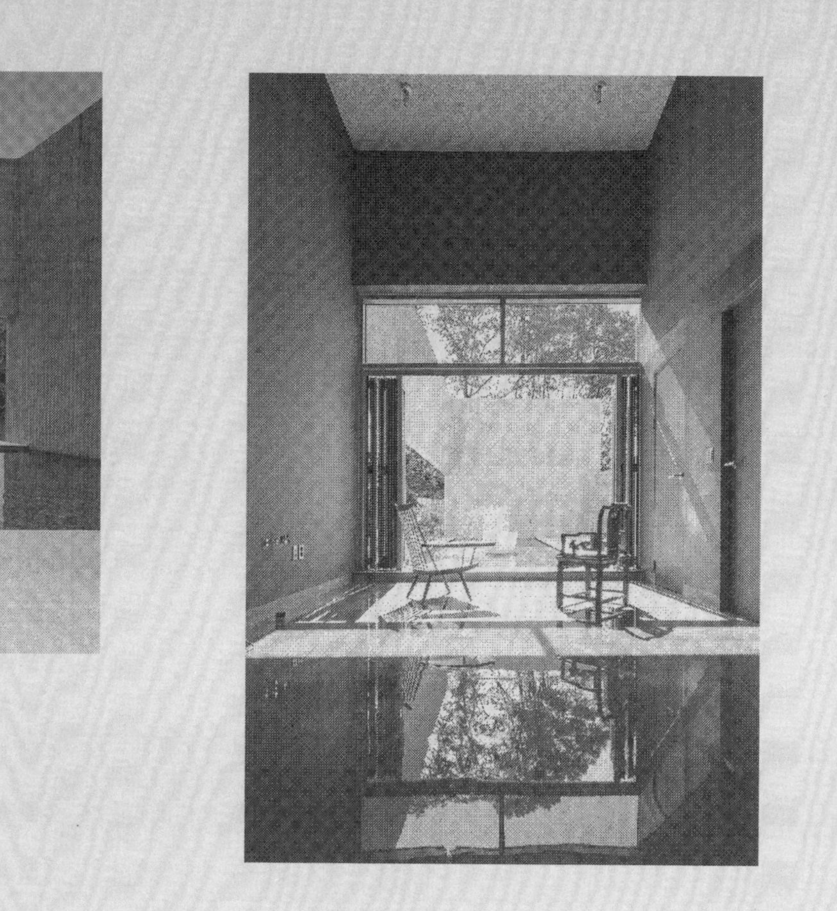

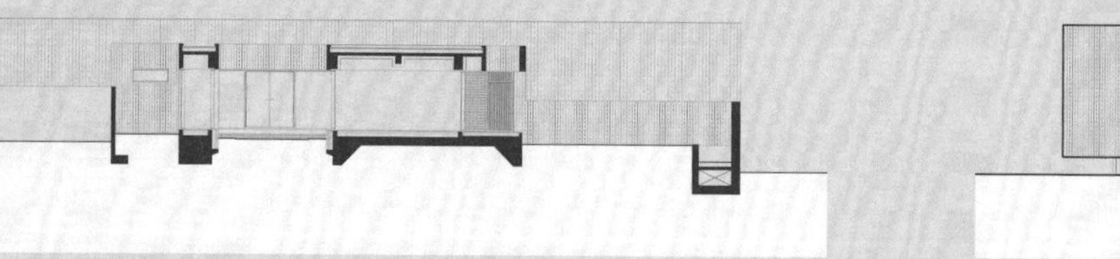

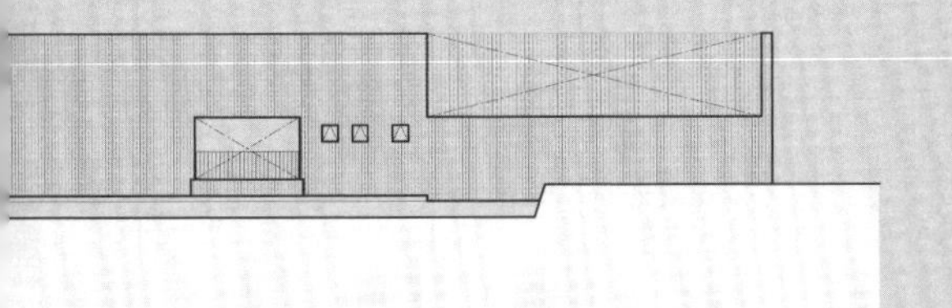

비건폐지,
터를 조직하는
형식(그리드)이 되다.

480평 남짓한 부정형의 땅은 동쪽으로 작은 천과 접하면서 산의 조망을 품은 곳이다. 남쪽으로는 인접필지와 접하고 서쪽으로는 경사지형의 숲이, 진입로가 있는 북쪽으로는 논이 접해져 있다. 건폐율 20%를 채워 가는 전략으로, 전통건축에서 마당을 중심으로 채가 분화하면서 군집되는 방식을 차용하기로 했다. 크게 주거 동과 작업실 동으로 나눴으며 각 동은 프로그램에 따라 형태와 마당의 분화가 달라진다. 주거 동은 ㅁ자형 형태로, 작업실 동은 ㅡ자형 형태로 동쪽을 정면으로 마당들과 함께 배치된다. 향과 조망, 프로그램의 상호관계를 만들면서 7개의 마당이 형성된다. 이들 마당들은 열림과 닫힘, 분리와 연계, 부분과 집합의 관계를 만들면서 삶의 영역을 만들고 있다. 마당과 삶이 담긴 기하학은 삶의 공간이 내부에서 외부로, 외부에서 내부로 상호 작동하는 관계를 조직한다.

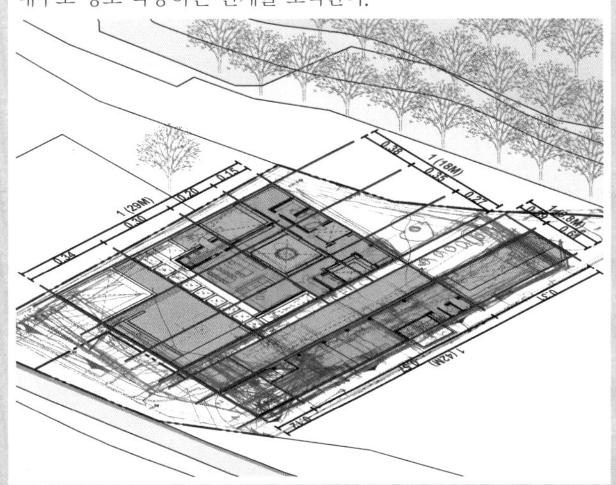

마당, 삶과 주변 환경을 관계조직하다.

주거 동과 작업실 동은 프로그램들의 상호 관계를 고려하여 방들이 조직된다. 방과 방의 관계 속에서 마당은 방들의 위계와 질서를 조율해 가는 해법이 된다. 즉 단순히 바라보는 조망의 대상이 아니라 주변 환경과 관계 지으면서 삶의 패턴을 조직해 가는 생활마당인 것이다. 여기서 마당은 다양한 영역을 나누고 연계하게 된다. 주거와 작업, 주인과 손님, 일상과 탈 일상, 공적 영역과 사적 영역 등을 구분 지으면서도 삶과 함께 조직되어 프로그램화 되고 있는 것이다. 안과 밖의 관계로 내부화된 기능은 외부화되고, 외부 환경(마당)은 내부화되어 서로 상호 작용하여 변화와 탈주의 연속적 장이 되는 생활의 장소가 된다. 이처럼 생활마당은 고정된 외부 환경이 아니라 삶을 조직하고 삶과 함께 진화하면서, 삶을 땅에 정주시키는 규율이 되고 있다.

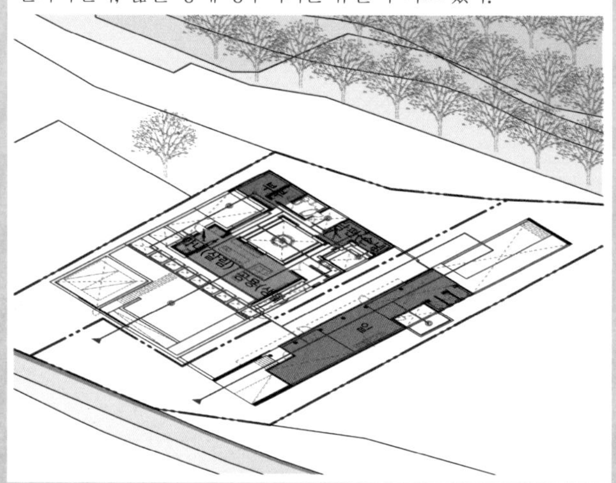

마당, 수평적 풍경으로 확장되다.

마당은 다양한 크기의 사각 형태로 여러 방향으로 위치해 있다. 여기서 주변 자연, 건축, 마당을 경험하는 주체의 위치는 유동적으로 설정된다. 이러한 유동적 위치는 실들의 용도와 위치에 따라 향과 풍경의 차이를 발생시키고 있다. 각 용도의 실과 함께 조직된 각각의 마당은 그 자체가 풍경이 되면서도, 주변 환경을 끌어들여 풍경 조망을 확장시킨다.

집 전체는 동쪽으로 주 좌향을 두고 있지만 각 실의 용도와 방향, 마당의 위치에 따라 풍경을 바라보는 방향이 바뀌게 된다. ㅁ자형의 주거 동은 5개의 마당이 있다. 거실 앞 바깥 마당은 동쪽 풍경을 끌어들이고 있다. 하지만 안방, 서재, 욕실과 짝을 이루는 마당들은 다른 방향성으로 경험된다. 가운데 중정은 집의 순환 동선에서 경험되는 마당으로 방향성 없이 중심성을 만들어 주고 있다.

一자형의 긴 작업실 동은 남쪽에 긴 마당을 두어 작업실에서 남쪽 마당 풍경을 바라볼 수 있다. 동시에 동쪽의 원경 풍경도 마당과 작업실에 끌어들여 중첩된 풍경으로 확장되고 있다. 작업실과 이어지는 서쪽 수변공간은 그 자체가 풍경이 되면서 주변 자연과 하나가 되고 있다. 이처럼 마당은 내부 공간과 상호작용하면서 주변 환경으로 이어져 삶 속에 풍경이 일상화되는 장소를 만든다.

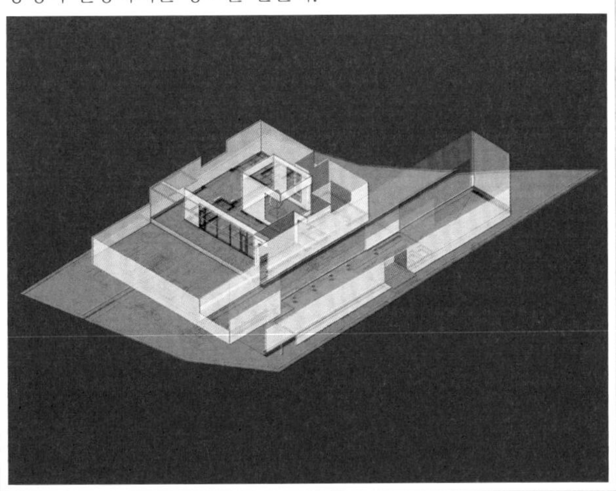

화경재 和景齋

층층이 쌓이는 삶의 풍경

저마다의 사연을 품은 주택은 그곳에 거주하는 가족의 삶을
그대로 나타낸다. 획일화된 평면의 아파트와는 달리,
구성원의 삶을 담은 주택 설계는 가족만의 추억을 쌓을 수
있도록 돕는다. 그런 점에서 계룡시 '화경재'도 그들만의 독특한
요소를 담고 있다. 공군 파일럿이었던 아내로 인해 오랜 기간
관사 생활을 지속하던 부부는, 가족만의 취미를 즐길 수
있으면서도 어린 자녀가 마음껏 뛰놀 수 있는 단독주택을
완성했다. 화목한 풍경이라는 이름처럼, 가족의 새로운 추억을
쌓아나가고 있는 화경재의 이야기를 들어보았다.

92

주택을 완공하기 전, 관사 생활을 오래 하신 것으로 알고 있어요.

아내가 공군 파일럿으로 근무했었는데, 결혼 후에도 자연스럽게 관사 생활을 지속했어요. 사실 관사 생활을 오래 해서인지, 집이라는 공간에 대해 깊이 생각해볼 기회가 많이 없었던 것 같아요. 그러던 중, 어린 시절 단독주택에서 경험했던 좋은 추억들이 떠올랐죠. '점점 커가는 우리 아이한테도 좋은 추억을 물려줄 수 있는 방법이 없을까' 고민하다, 단독주택을 지어야겠다는 결심을 하게 됐어요.

어렸을 때의 단독주택 생활이 지금의 화경재를 있게 한 걸까요?

상당히 많은 부분을 차지한 것은 사실이에요. 부모님이 고깃집을 운영하셨는데, 1, 2층이 고깃집, 저희 집이 3층에 위치해 있었죠. 그 당시 걱정 없이 마음껏 뛰놀 수 있다는 점이 참 좋았던 것 같아요. 그런데, 훗날 공동주택에 살아보니 생각보다 제한적인 요소들이 많더라고요. 예를 들어, 밤에는 세탁기나 청소기를 함부로 돌릴 수 없고, 아이들도 마음껏 뛰놀 수 있는 환경이 아니고요. 단독주택을 짓기 위해 아내를 설득하는 과정이 6개월 정도 소요됐던 것 같은데, 지금은 둘 다 정말 잘한 결정이라고 생각해요.

지금의 부지를 마련할 때 조건이 있었을까요?

2018년도 초에 여러 군데를 보러 다니다, 그 해 이 부지를 마련하게 됐어요. 제일 먼저 고려했던 건 땅이 낮은 곳에 위치한 집은 물에 잠길 위험이 있다는 점이었죠. 지금의 저희 동네는 비교적 높은 지대에 위치해 있어, 침수 위험에 안전한 곳이었어요. 공원과 가까운 점도 한몫했고요. 그 덕에 아이들이 다른 친구들과도 자유롭게 놀 수 있어 좋은 것 같아요. 그리고 가능하면 남쪽을 바라볼 수 있는 땅을 구매하자는 생각이었는데, 남동쪽으로 전면 도로를 접해 있는 이 부지가 마음에 쏙 들었죠.

1, 2층 총 두 군데에 마당을 구성하셨더라고요.

저희 집의 경우에는 층층이 놓인 마당을 중심으로 방들이 유기적으로 연계된다고 볼 수 있어요. 1층은 마당을 중심으로 취미실과 손님방이 이어지는데, 진입로 왼쪽에 위치한 취미실은 도로와 마당을 통해 열린 구조로 계획됐죠. 마당으로는 폴딩 도어를 설치한 덕분에 더욱 적극적인 활용이 가능하고요. 게스트 룸의 경우에는 마당과 사이에 낮은 담장을 설치해 도로의 시선을 차단하면서도 마당으로 연결되게끔 만들었죠. 이어서 2층은 거실과 주방으로 이어지는 테라스 마당을 중심으로, 부부 영역인 안방과 아이 방이 분리돼요. 테라스 마당은 2층의 모든 방과 면해 있는데, 특히 아이 방은 보이드(void) 부분과 면해 있어 1층부터 올라오는 배롱나무와 함께 입체적인 시선을 경험할 수 있죠.

내외부와 마당, 나무 등 다양한 요소들이 조화를 이루며 입체적인 시선을 만들어낸다고 보면 될까요?

맞아요. 1층과 2층의 주 조망의 방향이 전면도로인 남동쪽이다 보니, 이러한 방향을 향해 방들의 전면에 마당을 뒀어요. 그 결과, 1층의 게스트 룸과 2층의 거실 및 아이 방이 남동쪽 원경을 바라볼 수 있게 됐죠. 또 1층과 2층을 관통하는 나무를 통해 다양한 시선을 즐길 수 있게도 됐고요. 한마디로 위아래 마당으로 중첩된 층들이, 각 층을 관통하는 나무를 공유하면서 입체적인 풍경을 보여준다고 생각하시면 될 것 같아요.

이제 1층 내부 이야기를 해볼게요. 유독 '취미실'에 눈길이 가더라고요.

현재 1층 취미실은 제가 그동안 수집해온 레고, 미니카 등을 전시하거나 가지고 놀기 위해서 심혈을 기울인 공간이에요. 아내가 운동할 수 있는 기구들도 설치돼 있고요. 저는 직업이 프로 골퍼이다 보니, 집에서까지는 운동을 잘 하지 않는 편인데, 아내는 운동을 워낙 좋아해서 취미실의 활용도가 높은 편이에요. 저희 부부가 운동을 즐겨하다 보니, 아이도 자연스럽게 운동 실력이 많이 늘었죠. (웃음)

미니카 트랙을 취미실과 마당을 넘나들며 사용한다는 이야기도 들었어요.

그 점이 바로 취미실을 폴딩 도어로 설치한 이유인데요. 하루 날을 잡고 본격적으로 취미를 즐겨야겠다는 생각이 들 때면 이 폴딩 도어를 활짝 열죠. 미니카 트랙의 길이가 워낙 길다 보니, 취미실에서 바깥마당으로 길게 확장을 하면 안팎으로 연결이 되며 자연스럽게 미니카 점프대가 생기거든요. 덕분에 평소에는 짧게 즐기던 코스를 다양하게 맛볼 수 있게 됐어요. 예전에 관사에 살 때는 사용하고 싶을 때마다 박스에서 꺼내서 놀고, 다시 정리해야 하니 힘들었었는데, 지금은 그렇게 하지 않아도 된다는 점이 너무 좋아요.

2층 공간에서는 단출하게 구성한 주방 공간이 눈에 띄었어요.

현재 아내가 민간 항공사에서 근무하다 보니, 서울에서 오가는 시간이 있어 퇴근하면 너무 늦은 시간이 돼요. 그렇다 보니, 한 달에 1~2번 정도만

집밥을 해 먹고, 평소에는 거의 배달 음식을 먹거든요. 그래서 저희 집에서 굳이 주방 공간이 큰 차지를 할 필요가 없다는 생각이 있었어요. 주방 공간은 군더더기 없이 딱 합리적으로만 설계된 공간이라고 봐주시면 돼요.

반면에 욕실과 세면실이 이어지는 동선은 전체적으로 여유 있게 배치하셨더라고요.

저희 라이프 스타일이 반영된 설계라고 볼 수 있죠. 저희 집의 경우에는 방의 개수가 적은 편인데요. 1층의 게스트 룸, 2층의 아이 방, 안방으로 구성되어 있어 손에 꼽을 수 있을 정도죠. 대신 1층의 취미실을 넓히고 2층 욕실과 세면실 등의 동선에 힘을 주었다고 보면 되고요. 아무래도 욕실 공간과 세탁실 등을 길게 일자로 배치하다 보니, 다른 가족 구성원의 존재 여부에 큰 구애를 받지 않고도 편하게 씻을 수 있고 세탁도 할 수 있어 잘 배치했다는 생각이 들더라고요.

주택에 오고 나서 가장 크게 변화한 점은 무엇일까요?

여러 가지가 있겠지만, 크게 두 가지를 꼽을 수 있을 것 같아요. 아무래도 애착이 가는 집이다 보니, 하나하나의 디테일에 관심을 갖게 된 부분을 꼽을 수 있죠. 저희가 공사하는 내내 아내와 번갈아 가며 현장 일을 도왔는데, 집을 짓지 않았으면 알지 못하는 여러 공정을 배울 수 있었거든요. 그리고 아이와 함께하는 시간이 보다 풍성해진 점도 장점 중 하나죠. 멀리 나가지 않아도, 아이와 내외부를 들락거리며 소소한 추억을 쌓을 수 있음은 물론이고, 화분에 물을 주고 자연을 느끼는 등 주택이 아니었으면 느끼기 어려운 요소들을 체득하게 됐거든요. 이제는 아무리 좋은 호텔도 답답하게 느껴질 정도로, 우리 집만의 공간들이 너무 소중하게 다가와요.

CCTV

위아래 층이 공유되는 입체적 풍경

위아래 마당으로 다층화된 층들은, 층을 관통하는 배롱나무를 공유하면서 입체적인 풍경을 만들고 있다. 나무로 채워진 보이드와 접한 1층 손님방과 2층 자녀방, 테라스는 다양한 깊이의 마당 윤곽을 만들어 주고 있다. 이를 통해 외부적인 시선을 끊임없이 내부화하고, 마찬가지로 내부를 끊임없이 외부화하며 변이시키는 일상의 삶을 보여주고 있다.

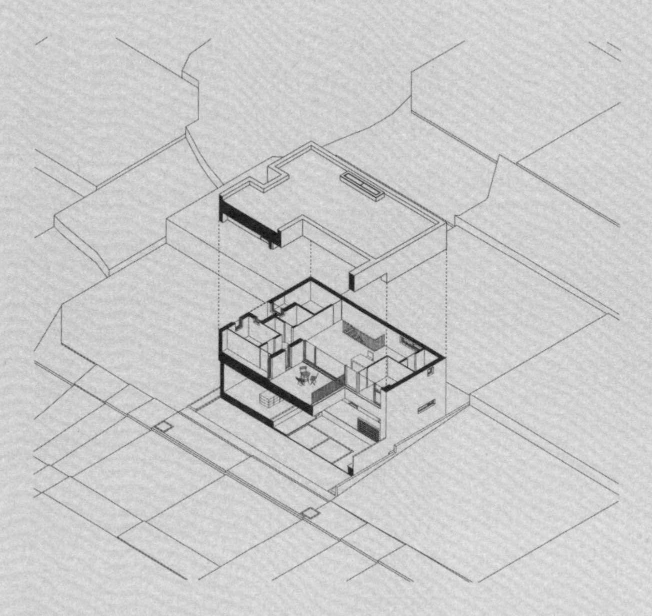

조건과 맥락 계룡시 엄사리 택지지구의 단독필지이다. 땅은 남동쪽으로 전면 도로를 접해 있고, 뒤쪽 인접 필지는 해당지 레벨보다 높은 필지다. 도로 건너 마을 풍경도 바라볼 수 있다. 딸 하나를 둔 부부는 아래층에는 미니카 트랙 설치, 영화 감상, 취미용품 전시 공간, 손님들과의 소통 공간 등 마당을 접해 있는 다목적의 취미실과 손님방을 두기를 원했다. 위층은 가족들의 온전한 공간으로 마당과 접하면서 조망이 있는 거실과 안방, 가족 공용의 욕실 영역을 만들고 싶어 했다. 우리는 넉넉하지 않은 예산 속에서 아래층과 위층이 분리되면서도 같이 공유되는 마당집을 위한 계획을 시작했다.

위치	충청남도 계룡시 엄사면
대지면적	247.30㎡
건축면적	147.64㎡
연면적	220.71㎡
용적률	80.51%
건폐율	59.70%
영상	

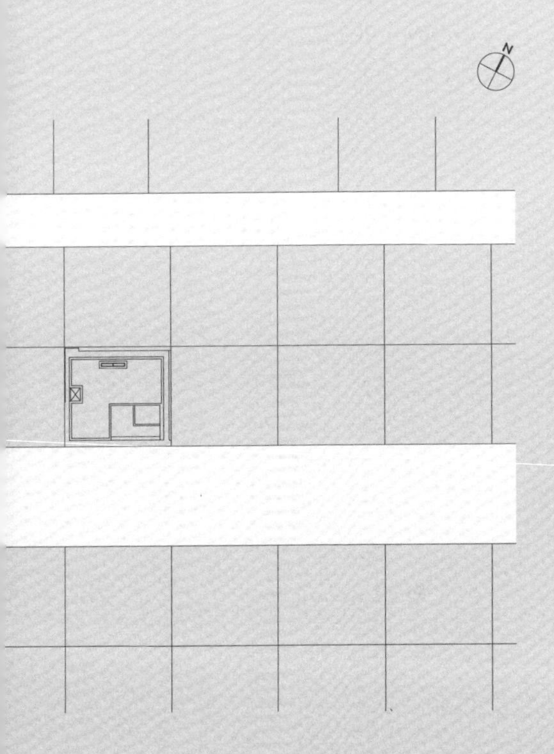
N

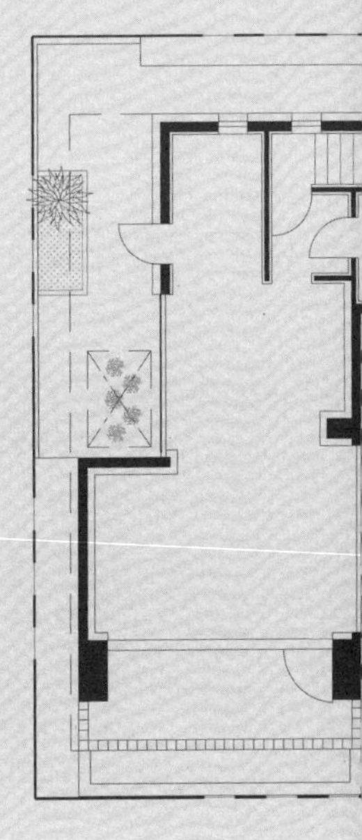

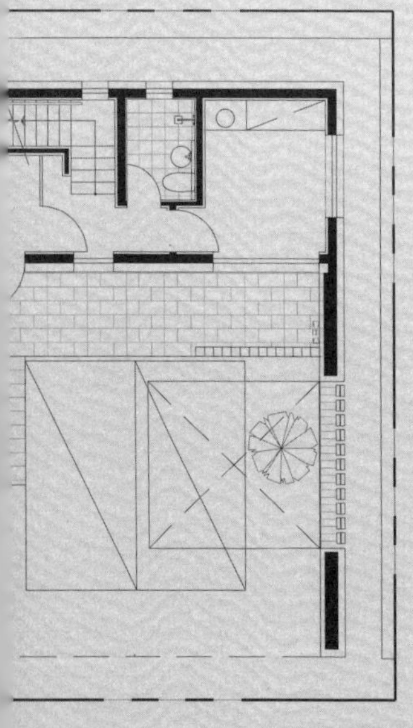

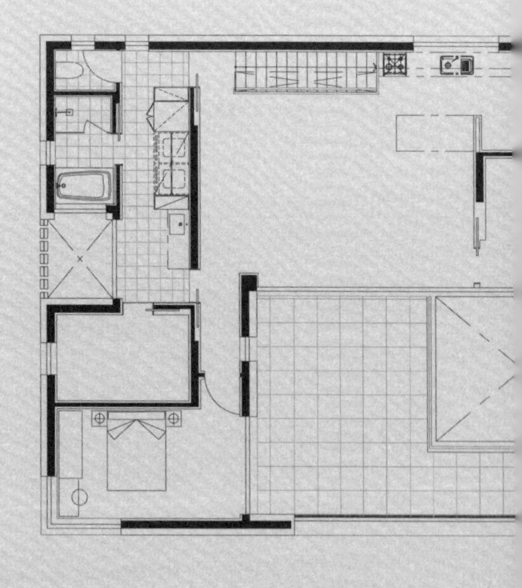

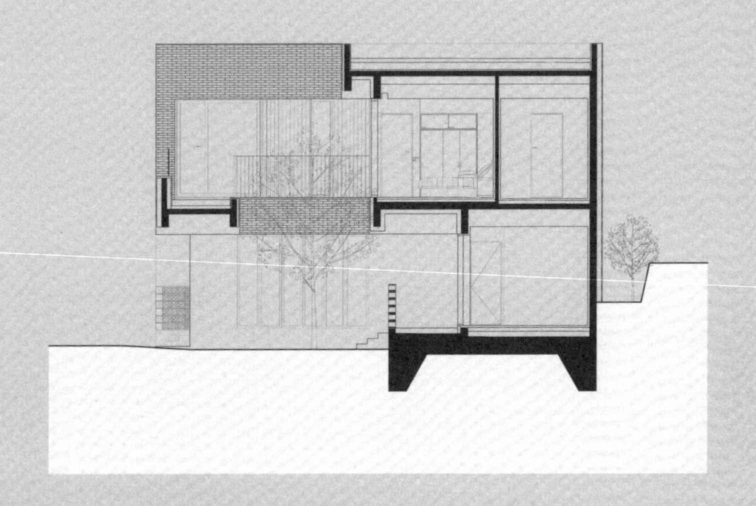

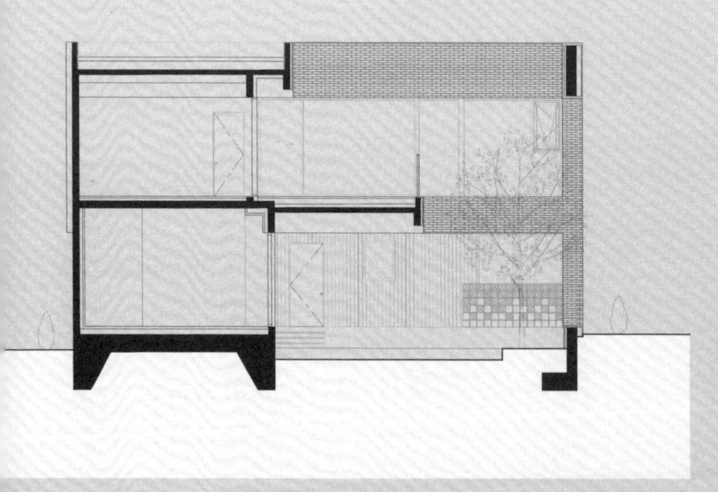

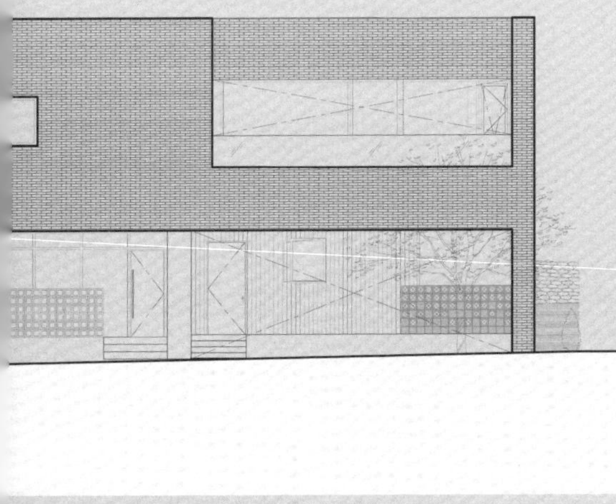

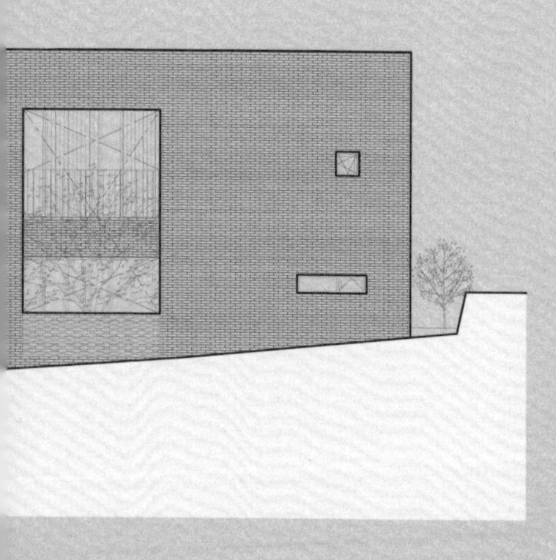

마당, 터를 다층화 하다.

예산이 넉넉치 않아 요구되는 내부사용 면적은 건폐율 60%보다 적은 면적을 차지하게 된다. 여기서 우리는 터를 여러 분할의 그리드로 계획하면서, ㄱ자 배치로 면적을 채우고 남는 건축면적은 2층 슬래브를 활용하여 마당으로 만들었다. 터는 1층 마당과 2층 마당으로 다층화되면서, 9분할로 분화되어 ㄱ자 평면으로 세분화되는 기하학의 형태가 된다. 슬래브는 2군데를 뚫어 보이드로 만들면서 1층과 2층이 입체적으로 경험하는 마당이 된다. 위아래로 보이드 된 다층화된 마당은 2층까지 관통하는 나무식재로 더욱 입체감을 더하게 된다.

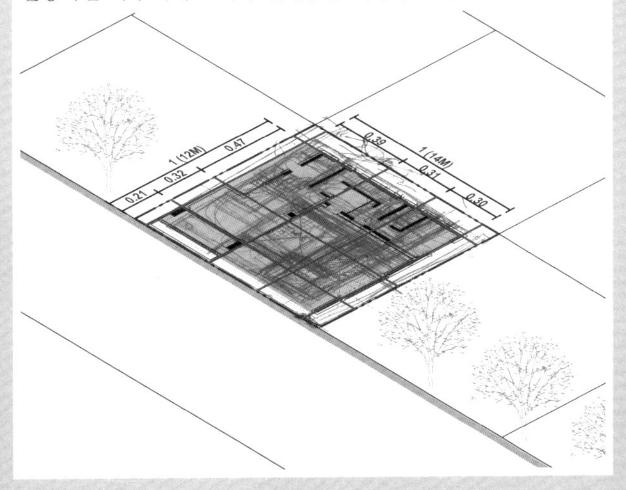

위아래 마당 일상의 중심이 되다.

방들은 다층화된 마당을 중심으로 조직된다. 여기서 보이드에 심어진 나무는 방들의 시선을 이끌면서 일상의 중심이 된다. 1층은 마당을 중심으로 취미실과 손님방이 연계되어 있다. 진입 시, 왼쪽의 취미실은 도로와 마당으로 열린 구조로 계획했다. 마당으로는 폴딩도어를 두어 더욱 적극적으로 연계해 활용성을 더했다. 손님방은 마당과의 사이에 낮은 담장을 두어 도로의 시선을 차단하면서도 마당으로 연계를 하게끔 계획했다.

2층은 거실과 주방이 연계된 테라스 마당을 중심으로 부부 영역인 안방과 자녀방이 분리된다. 테라스 마당은 2층의 모든 방들이 면해 있다. 특히 자녀방은 보이드 부분과 면해 있어 심어진 나무와 함께 입체적인 시선을 경험한다. 위아래로 다층화된 마당은 방들의 질서를 만들면서 일상의 중심이 되고 있다.

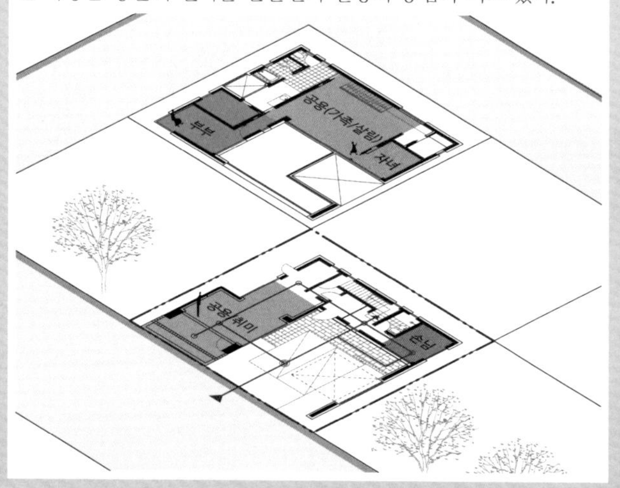

마당, 입체적 풍경으로 경계 짓다.

위아래 마당으로 중첩된 층들은 층을 관통하는 나무를 공유하면서 입체적인 풍경을 만들게 된다. 1층과 2층의 주 조망의 방향은 전면도로인 남동쪽이다. 주 조망 방향으로 방들의 전면에 마당을 두면서 열린 입면을 계획했다. 그로 인해 1층의 손님방과 2층의 거실과 아이 방은 남동쪽 원경을 조망하게 되는데 1, 2층을 관통하는 나무와 중첩된 방식으로 보여진다. 1층의 취미실과 2층의 안방은 마당에 심어진 입체적인 나무로 시선 방향이 되어 있다. 여기서 나무는 옆 필지 경계벽에 액자 프레임을 만들어 내외부의 시선과 1, 2층의 시선이 모이는 다중적 풍경을 만들어 내고 있다. 외부적 시선을 끊임없이 내부화하며 그로 인해 내부를 끊임없이 외부화하고 변이시키는 다중적인 삶의 풍경인 것이다.

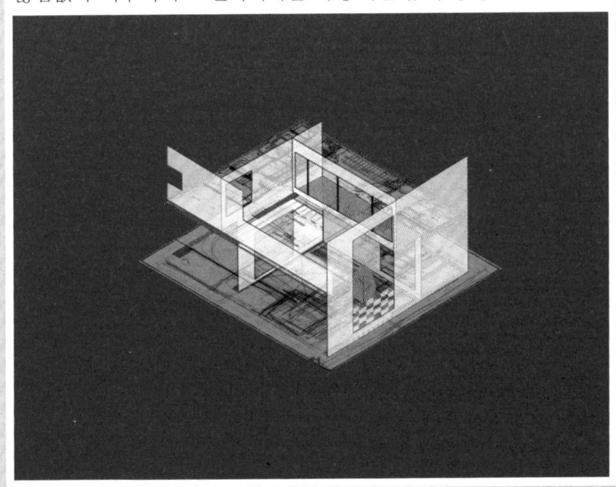

우연재 祐姸齋

중정에서 꽃 피는 담소와 행복

시댁의 지척에, 부부는 모던하면서도 군더더기 없는 '우연재'를 완성했다. 부부 둘만 사는 단출한 공간이지만, 처음 설계 때부터 '놀러 오는 집'을 콘셉트로 잡았을 정도로 반전 매력이 넘치는 곳이기도 하다. 이 점에서 우연재의 중정은 큰 빛을 발한다. 수직 루버와 영롱 쌓기로 프라이버시와 채광을 동시에 확보한 중정에서 부부는 손님들과 그들만의 추억을 쌓아나간다.

'우연재', 정말 예쁜 이름인데요. 혹시 어떤 의미를 가지고 있을까요?

도울 우, 예쁠 연이라는, 저희 부부의 이름을 한 글자씩 담아 지은 이름이에요. 서로 도우면서 예쁘게 살자는 뜻이 담겨 있죠.

대지 면적이 약 44평으로, 아담한 편인 것 같아요. 이곳 부지를 선택하게 된 이유가 있을까요?

원래 은평구가 남편이 어렸을 때부터 자고 나란 곳이기도 하고, 지금 이 집이 들어선 부지가 시어머님이 보유하시던 구옥이 있던 자리였어요. 그래서 리모델링을 할지 새로 집을 지을지 고민을 하다, 상의 끝에 새집을 짓는 게 낫겠다는 결론을 내렸죠. 저희 부부의 니즈에 맞게 지은 집이다 보니 무척 애착이 가요.

단독주택 경험이 있는 남편 분과 달리, 아내 분은 경험이 없는 것으로 알아요. 주택 살이에 대한 부담감은 없었을까요?

저는 결혼 전에 아파트 생활을 했었기 때문에, 남편에게 아파트에서 함께 살면 어떻겠느냐고 권유한 적이 있는데요. 아무래도 남편이 음악을 해서인지 소음에 예민한 부분이 있어서 함부로 제 뜻만 내세울 수는 없겠더라고요. 남편이 아파트 생활에 대해 많은 스트레스를 받게 될 것이라는 걸 알고 있었기 때문이죠. 안 그래도 결혼 초반에 오피스텔에 거주한 적이 있는데, 남편이 층간소음 때문에 많이 힘들어했어요. 그래서 아파트를 벗어나 단독주택에 살아 보니 정말 잘했다는 생각이 들어요. 워낙 기밀해서, 확실히 아파트에서 살 때와는 다른 장점들을 몸소 느끼고 있죠.

전체적으로 어떤 단독주택이길 원했을까요?

밖으로는 닫혀있지만, 안으로는 열린 집이기를 바랐어요. 남편이 태어나고 자란 동네이기에 이웃 주민들과 분리되어 시선이 차단된 독립된 집이고자 한 것이죠. 캠핑 장비를 수납할 수 있는 넉넉한 공간, 비 맞지 않는 주차장, 주변을 신경 쓰지 않고 마음껏 사용할 수 있는 취미실, 평소 친구들의 잦은 방문으로 인해 자유롭게 즐길 수 있는 마당 등을 원했어요.

말씀하신 것처럼, 비를 피할 수 있는 주차장 겸 외부 공간이 있다는 점이 큰 장점인 것 같아요.

맞아요. 일단 집 안으로 들어오면, 우산을 꽂고 자유롭게 내외부를 오갈 수

있는 점이 편리해요. 대문과 현관문 사이에 별도의 보관함을 설치해 분리수거 등도 마음껏 할 수 있고, 비와 바람을 느끼면서 중정을 누릴 수도 있고요. 아무래도 주차장이 함께 있다 보니, 자동차가 비를 맞지 않는다는 점도 좋죠. 특히 중정에서 바로 주방으로 갈 수 있는 작은 문을 설치한 덕분에, 자동차에서 짐을 내려 바로 주방에 가져다 놓을 수 있는 점도 편리해요.

'놀러 오는 집'이라는 독특한 콘셉트도 이곳의 특징 중 하나인 것 같아요.

아예 처음 설계 때부터 건축가님에게 저희 집은 손님이 많이 찾아오는 집이라고 얘기를 했었어요. 덕분에 지인들이 방문하면 서로 집에 안 가려고 할 정도예요. 저희가 집에 있는지 확인만 되면 언제든지 오려고 하죠. 그리고 지인들의 방문을 고려해 설계 때부터 수납장을 무조건 많이 배치해달라고 요구하기도 했어요. 저희 눈에나, 지인들의 눈에나 정돈된 모습으로 보였으면 했죠. 오죽하면 계단 아래 로봇청소기 집까지 만들어놨는걸요. 로봇청소기 집을 보고, 다들 반려동물을 키우느냐고 물어볼 정도였어요.(웃음) 수납장이 많아서, 여러 짐을 지저분하지 않게 보관할 수 있어 너무 좋아요.

손님들이 자주 드나들다 보니, 마당 공간이 더욱 소중하게 다가올 것 같아요.

사실 저희 집이 2개의 도로에 접하면서도 필지의 규모가 작은 편이었기에, 닫힌 배치의 마당을 완성하는 것이 쉬운 일만은 아니었어요. 그래서 1층과 2층을 구분하고서, 1층은 一자로 배치해 온전한 비례의 마당을 확보하고, 2층의 경우에는 닫힌 ㄷ자 배치를 통해 외부로는 닫혔지만 내부로는 열린 마당으로 구성했죠. 특히 길과 면하는 1층 경계담(벽)은 영롱 쌓기와 사선의 루버를 통해 채광을 확보하면서도 남의 시선에서 자유로운 환경을 만들었어요.

내부 공간 역시 마당을 향해 열려 있는 구조이더라고요.

말씀하신 것처럼 내부적으로 열린 구조이기에 방들이 전부 마당을 향해 있어요. 1층은 응접실 겸 거실만 배치해 마당을 온전히 누릴 수 있는데, 이때 마당은 주차장과 창고, 대문을 둔 생활마당의 역할로 아주 제격이에요. 친구들의 방문이 많은 편이라 바비큐 파티나 휴식, 캠핑 등 여러 삶을 누리기에 좋은 공간이기도 하고요. 반면에 2층은 외부인들로부터 독립된 공간이죠. 가족실과 안방, 세탁실, 취미실, 테라스가 마당을 향해 배치돼 있어요. 전체적으로 각 방이 마당과 호흡하며 삶의 관계를 만들어내고 있다고 봐주시면 될 것 같아요.

평소에는 주로 어디서 시간을 많이 보내시나요?

계단을 오르락내리락해야 하다 보니, 주로 1층에서 모든 생활을 하게 되더라고요. 거실과 주방에서 바라보는 중정의 모습도 좋고요. 결과적으로 2층은 잠을 잘 때만 주로 이용하게 되는 것 같아요. 물론 2층에 위치한 멀티 룸도 좋아하는 공간 중 하나죠. 낮은 창을 통해 중정이 내려다보이는 곳인데요. 운동이나 음악을 즐길 때도 좋고, 여러 용도로 활용할 수 있다는 점이 매력적이에요.

멀티 룸 옆쪽으로는, 외부에 자그마한 테라스 공간이 있더라고요.

따로 물을 사용할 수 있는 공간이 없어서 자주 찾게 되는 공간은 아니지만, 작은 화분을 놓거나 비가 오는 모습을 지켜보거나 하는 등의 용도로는 안성맞춤이에요. 큰 활동이 이뤄지기는 어려운 공간이지만, 그래도 기본적인 일들을 할 수 있어 좋은 것 같아요.

2층 안방과 가족실 사이에 설치된 슬라이딩 문도 눈에 띄던데요.

주로 에어컨을 켤 때만 문을 닫고, 평소에는 거의 열어두고 생활하고 있는데요. 슬라이딩 문 하나로 또 하나의 방을 만들 수 있다는 점이 좋죠. 특히 건너편으로는 텔레비전이 설치돼 있어, 침대에서 편한 자세로 바로 시청이 가능해요. 저희 집이 워낙 방 개수가 적어서 건축가님에게 이 부분을 상의한 적이 있는데, 호텔 스위트룸을 생각하라고 하시더라고요. 그렇게 생각해보니 바로 납득이 됐죠.(웃음)

닫혀진 열림의 내부적 풍경

길에서 닫히고 내부적으로 열린 마당은 온전히 내부적인 시선으로 모아진다. 1층 마당은 거실과 연계되면서 넓지만 2층에서 좁아진 마당은 수직적으로 확장된다. 1층 마당은 시선은 가리지만 벽돌 다공을 통해 채광은 허용한다. 2층의 좁아진 보이드는 온전히 2층의 가족실과 취미실만이 점유한다. 가운데 심어진 배롱나무는 시시각각 햇빛의 변화와 계절의 변화를 더해 줄 것이다. 닫혀져 있지만 내부적으로 열린 마당 풍경은 밀도 높은 도심 속 일상에서 숨 쉴 수 있는 여백이 된다.

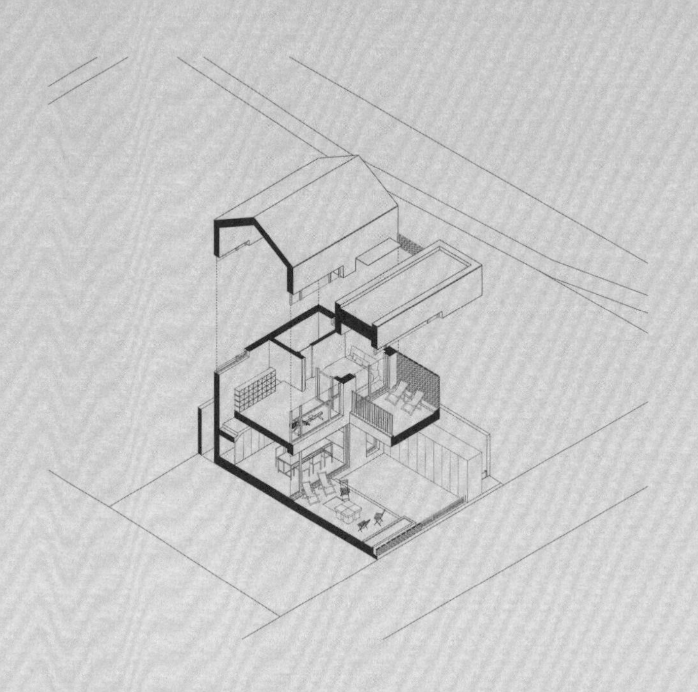

조건과 맥락	6미터 전면도로를 둔 도심의 40평 남짓한 대지이다. 아이가 없는 30대 부부는 밖으로는 닫혀 있지만 안으로는 열린 집이기를 원했다. 남편이 태어나고 자란 동네이기에 이웃 주민들과 분리되어 시선이 차단된 독립된 집이고자 했다. 캠핑 장비도 많고, 비 맞지 않는 주차장, 주변을 신경 쓰지 않는 취미실, 친구들의 방문이 많아 자유롭게 즐길 수 있는 마당 등을 원했다.
위치	서울시 은평구 갈현동
대지면적	146.40㎡
건축면적	82.09㎡
연면적	155.14㎡
용적률	101.01%
건폐율	59.53%
영상	

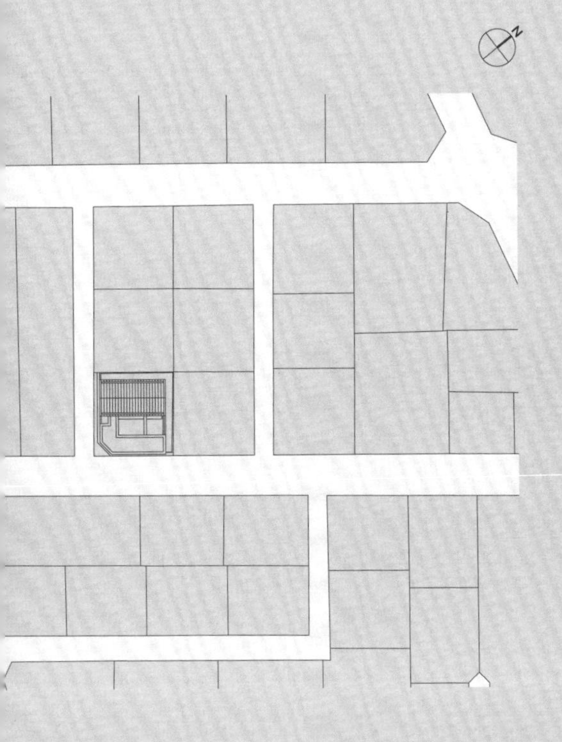

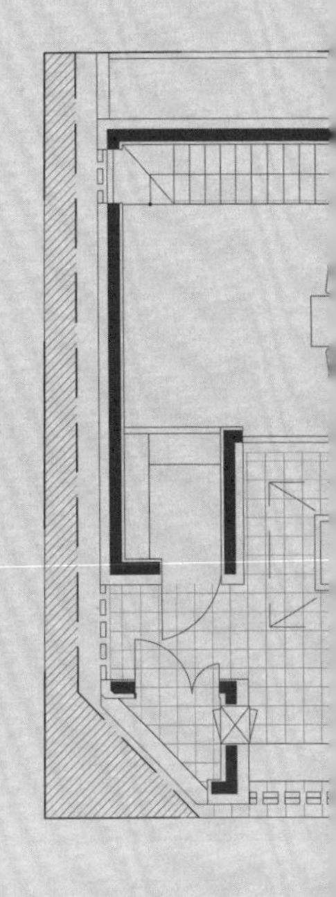

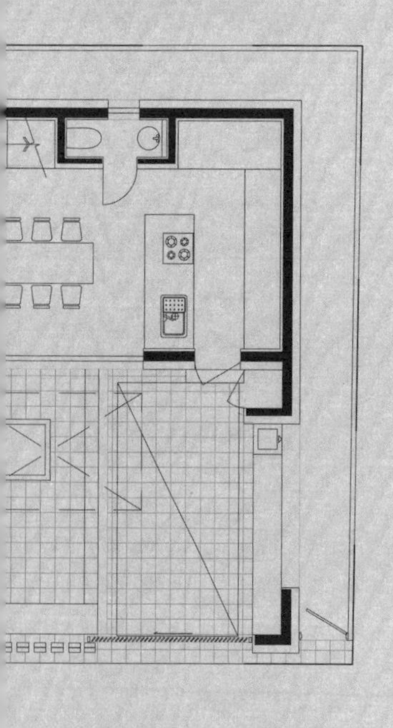

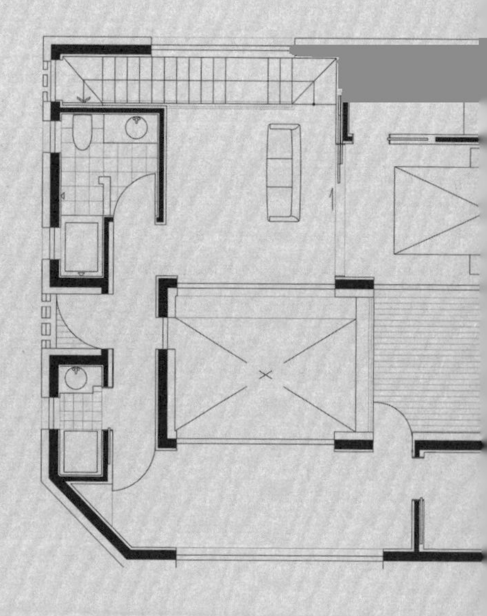

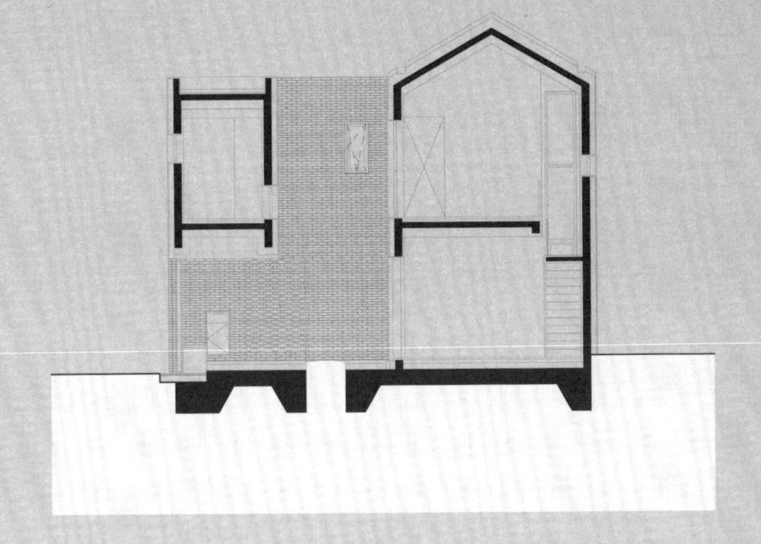

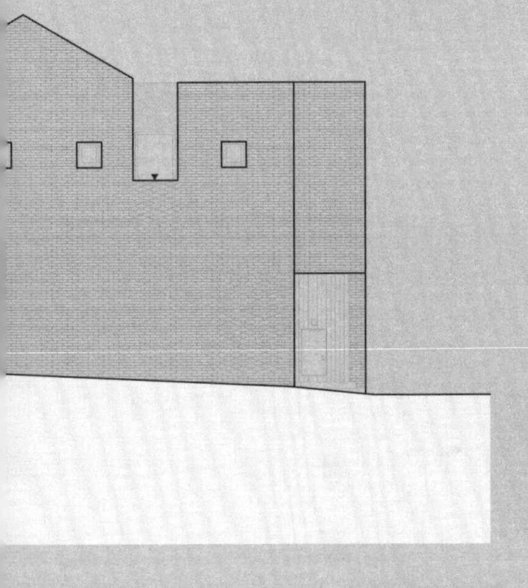

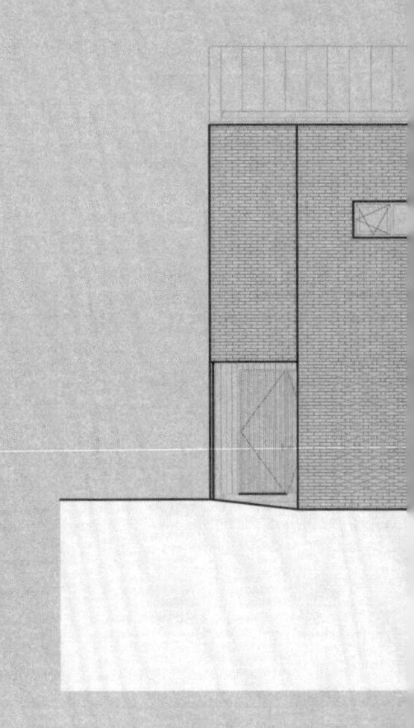

마당, 닫혀진 열림으로 형식화하다.

주변 도시환경으로부터 닫혀진 집을 지으면서도 내부적으로 열린 집을 만드는 것이 과제였다. 2개의 도로에 접하고 필지의 규모가 작아 건물 매스가 필지를 에워싸는 닫힌 배치를 하기엔 땅의 스케일에 맞는 마당을 만들기가 힘들었다. 따라서, 우선 1층과 2층을 구분하고 1층은 ㅡ자 배치를 해 온전한 비례의 마당을 확보했다. 이어서 2층을 닫힌 ㄷ자로 배치해 마침내 닫혔지만 열린 마당을 만들 수 있었다. 이러한 배치로 외부공간은 길에서 독립된 온전한 크기의 생활마당이 되었다. 길과 닿는 1층 경계담(벽)은 다공 쌓기와 사선의 루버를 통해 마당의 채광을 확보해주면서도 남의 시선으로부터 독립할 수 있도록 만들어준다. 작은 필지에서 마당을 만드는 방법으로 1층과 2층의 비건폐지가 다른 비례로 적층되는 전략은 온전한 비례의 마당 스케일을 만드는 형식이 된다.

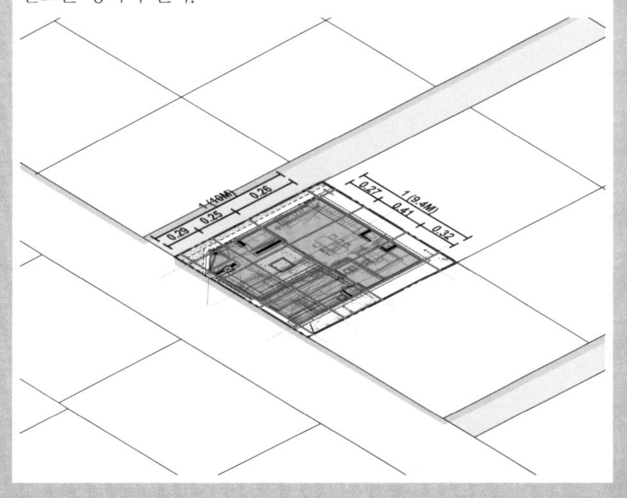

마당, 삶을 내부화 하다.

닫혀진 열림의 마당은 내부적으로 열린 구조이기에 방들은 마당을 향하는 배치를 하고 있다.
1층은 주로 아내의 공간으로 응접실 겸 거실만 배치하여 마당을 온전히 누리는 공간이다. 마당은 주차장, 창고, 대문을 둔 생활마당이다. 친구들의 방문이 많은 일상이기에 마당은 바비큐나 휴식, 저장, 캠핑 등의 삶을 누리기에 좋은 공간이 되고 있다. 2층은 외부인들로부터 독립된 공간으로 가족실과 안방, 세탁실, 남편의 취미실, 테라스가 마당을 향해 배치되어 있다. 마당을 중심으로 가족실과 안방은 취미실과 분리되어 배치되고 좌우로 욕실, 세탁실, 테라스가 있어 주 침실과 독립된 취미실이 되게끔 했다. 이처럼 마당은 외부로부터 삶을 온전히 내부화 하면서도 손님과 주인, 아내 영역과 남편 영역, 침실과 취미 등의 삶의 관계를 만들어 주는 장치가 되고 있다.

마당, 내부적 풍경으로 열리다.

길에서 닫히고 내부적으로 열린 마당은 온전히 내부적인 시선으로 모아진다. 모아진 시선은 2층 ㄷ자 배치로 좁게 열린 하늘로 확장된다. 마당 가운데 식재된 배롱나무는 시시각각 바뀌는 채광의 방향을 알려 주면서 꽃이 피고 지는 계절의 변화를 나타낼 것이다. 좁게 드리우는 하늘 햇살과 다공 쌓기 벽과 루버로 들어오는 햇살이 더해져 마당은 다양한 변화의 풍경을 만들어 낸다. 우연재의 내부적 풍경은 일상의 다양한 삶과 함께 그려지는 여백과 같다.

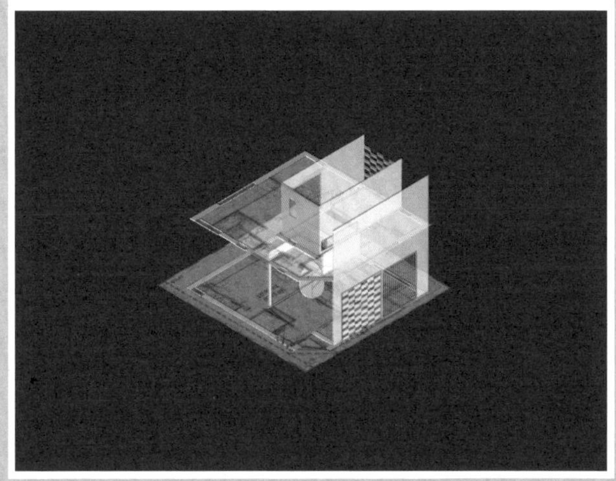

소담원재 昭譚園齋

대청에서 누리는 겹겹의 풍경

초등학생 남매를 둔 부부는 아파트를 벗어나 아이들과 함께할 수
있는 집을 짓고자 했다. 또한 햇빛과 바람 등 자연이 곳곳에
스며들고, 밖으로는 시선이 차단되면서도 집 안에서는 바깥을
조망할 수 있는 집이기를 바랐다. 대청과 정자를 중심으로
독특한 감성을 보여주는 '소담원재'는 그렇게 탄생했다.

주택 생활을 꿈꾸게 된 계기가 있을까요?

아무래도 가장 큰 이유 중 하나는 초등학생 남매들 때문이었어요. 저희 부부가 더 젊었을 때는 금전적으로 모자람이 있었고, 차곡차곡 돈을 모은 지금에 와서야 주택 짓기를 시도해볼 수 있게 됐는데, 이미 아이들은 너무 빨리 커버렸더라고요. 아이들이 조금이라도 더 성장하기 전에 집을 짓고 싶었기에 더 미룰 순 없었어요. 저희 부부는 아이들을 창의적인 생각을 가진 사람으로 키우고 싶었거든요. 전부 동일한 직사각형 모양의 아파트와는 달리, 주택이라는 공간은 다양한 꿈을 꿀 수 있는 공간이잖아요. 그 나이 때에만 할 수 있는 상상력을 키워주고 싶었죠.

지금의 부지를 선택하게 된 계기는 무엇일까요?

이쪽 청라지역은 처음인데, 깔끔한 것을 좋아하다 보니 그동안 신도시에서만 거주했었어요. 그러던 중, 아이들 학교가 근처에 있으면서도 단독주택 택지 지구 내 필지인 이곳을 선택하게 됐죠. 북쪽으로 완충 녹지와 멀리 골프장 원경이 보이는 땅이라 마음에 쏙 들었어요. 아이들 학교가 근방에 위치해 있다는 점도 한몫했고요. 특히 이러한 주변 녹지와 원경을 건축 설계에 녹여낼 수 있다는 기대감이 지금의 부지를 선택하게 만든 것 같아요.

설계 부분을 얘기하셨는데요. 여러 마당 공간이 이곳의 포인트 중 하나인 것 같아요.

말씀하신 것처럼, 저희 집에서 마당은 빼놓을 수 없는 매력 포인트 중 하나인데요. '마당'은 주택 생활에서 빠질 수 없는 요소라고 생각해요. 그러다 보니 마당 있는 집에서 살아보고 싶다는 열망이 강했죠. 저희 집을 살펴보면 재미있는 요소들이 많은데요. 먼저, 4개의 다른 성격의 마당이 방들과 함께 구성돼요. 1층의 경우에는 대문을 진입하면서 반기는 진입 마당과 터의 중심에서 집 전체와 관계를 만드는 안마당, 주방과 계단실에서 조망과 채광의 역할을 하는 작은 중정 마당이 있죠. 이어 2층의 경우 거실과 정자 사이에 위치해 거실의 외부 시선을 차단하면서도 일상에서 벗어날 수 있는 테라스 마당이 있어요.

정자 공간을 말씀해 주셨는데요. 1층 주방과 게스트 룸 사이에 놓인 대청과 2층 정자 공간이 이곳의 특징 중 하나인 것 같아요.

대청과 정자 공간의 경우에는 건축가님의 아이디어 중 하나였는데요. 저희 가족의 라이프 스타일과도 매우 밀접하죠. 앞서 말씀드린 여러 군데의 마당들 덕분에 다양한 관계가 만들어지고 있는데요. 전체적인 집의 동선이 '가족들 간의 영역 관계'와 '손님과 거주자 간의 관계', '거주와 일(재택)과의 관계', '안과 밖 사이 간의 경계' 등 다양한 관계가 이뤄지고 있어요. 이 중, 1층에 위치한 대청은 거주자의 영역과 손님의 영역을 확실하게 구분 짓는 역할을 해요. 주부인 저의 주 공간이자 가족 공유 공간인 1층 주방과 남편의 서재 겸 손님방으로 활용되는 1층 게스트 룸 사이에 대청이 위치해 있어 서로 간의 침범 없이 편하게 생활할 수 있기 때문이죠. 한편, 2층에 위치한 정자는 일상에서 벗어나 하나의 이벤트 장소로도 활용할 수 있어 좋은 것 같아요.

2층 정자 공간이 널찍해서, 다양한 활동이 가능할 것 같던데요.

집 안에 기능적으로 딱 규정되어 있지 않은 공간이 있다는 점이 참 마음에 드는데요. 집을 벗어나지 않더라도 즐길 수 있는 야외 공간이 있다는 점이 큰 위로가 되죠. 특히 최근에는 이웃들 모임이 있었는데, 한 분은 색소폰을 잘 부시고, 어떤 분은 음악을 전공하신 분이 있었거든요. 마침 저희 아이 중 한 명도 플루트를 불 줄 알아서, 여기서 다 같이 동네 음악회 한번 열어보자는 이야기도 나왔죠. 이곳에 서서 지나가는 이웃들한테 인사도 건넬 수 있고, 주변 풍경도 바라볼 수 있어 정말 좋은 공간인 것 같아요. 이 밖에도 지인들과 술 한

잔 즐기는 모임 장소로도 이용할 수 있고, 아이들 친구들이 놀러 오면 텐트 하나 설치해놓고 새로운 놀이를 즐길 수 있는 공간으로 변신 가능하죠.

아파트와 달리, 온전히 집 안 곳곳을 느낄 수 있다는 점이 가장 큰 장점일 것 같아요. 실제 지내보시니 어떤가요?

건축가님이 항상 '누리다'라는 표현을 많이 언급하시더라고요. 실제 이곳에 지내보니 누리다, 라는 표현이 무엇을 뜻하는지 잘 알 수 있었어요. 정말이지 누릴 공간이 많죠. 낮과 밤의 풍경이 다른 점도 신기한 점 중 하나였어요. 낮에는 햇빛이 곳곳에 스며드는 모습과 그림자들이 주는 자연의 그림이 너무 멋있게 느껴지고, 밤에는 조명이 함께 보이는 마당과 주변 모습들이 너무 아름답게 느껴지죠. 뿐만 아니라 안방에서 나와 거실 바닥을 밟는 순간, 기분이 한껏 좋아져요. 바깥 날씨는 추운데도 거실은 햇빛이 워낙 잘 들어오는 공간이라 하나도 춥지 않거든요. 일어나자마자 따듯한 햇살을 만끽할 수 있다는 점이 참 마음에 들어요.

집 소개를 할 때, '다층적 풍경집'이라는 문장으로도 소개가 되던데요. 어떤 뜻인지 궁금해요.

건축가님 말씀으로는, 저희 집은 4개의 마당이 내부 방들과 모호한 경계를 만들면서 안과 밖의 반복을 통해 중첩되는 새로운 경험을 만든다고 하더라고요. 처음에는 그 말이 어떤 의미인 줄 몰랐는데, 여기서 실제로 풍경을 보고 있으면 단순히 마당만 보이는 게 아니라, 일상적인 활동과 함께 주변 풍경이 겹쳐지더라고요. 그런 게 다층적이고 새로운 경험으로 다가오게 되는 거죠. 예를 들어, 2층의 테라스 마당의 경우, 거실 조닝과 정자, 안방 영역 등이 주변의 풍경들과 맞물리거든요. 그게 시각적으로 묘한 경험을 하게 해주는 것 같아요.

이제 내부 이야기를 해볼게요. 설계 시 디테일하게 요구했던 부분들이 있을까요?

정말 많은 요구사항이 있었는데, 그중 기억나는 것 중 하나가 바로 '욕실 환기' 문제였어요. 아파트에서 거주할 때, 욕실 환기가 안 되어서 불편했던 경험이 많았거든요. 그래서 욕실마다 창을 두고 온풍기를 설치해 추운 겨울을 대비했죠. 이 외에도 개방감을 확보한 거실이나 아이들의 창의력을 높일 수 있도록 다락을 둔 아이 방 등 대부분의 요구사항이 잘 반영된 덕분에 만족하며 지내고 있어요.

아이들도 집에 대한 만족도가 높아 보이더라고요.

아이가 두 명이다 보니, 각자 마음에 드는 방을 고르라고 했었는데요. 첫째 아이는 계단에서 가장 가까운 공간을 정했는데, 창틀에 자주 앉아 밖의 풍경을 즐기더라고요. 침대나 책상 의자에 앉는 것보다, 창틀에 앉아서 사색하는 것을 더 좋아하는 것 같아요. 반대로 둘째 아이 방에는 다락을 두었는데, 걸터앉을 수 있는 가구가 있어서 그곳에서 자주 시간을 보내곤 하더라고요. 본인만의 아지트에서 뷰를 즐길 수 있는 아늑한 공간이라 만족감이 높은 것 같아요.

계단을 통해 내부를 쭉 한 번 둘러볼 수 있다는 점도 눈길을 끌던데요.

저희 집을 외부인에게 처음 소개할 때, 가장 신기해하시는 부분 중 하나가 바로 계단 구성이에요. 단계별로 설명을 드릴 수 있는데요. 먼저, 주방에서 2층 아이 방으로 계단을 올라가요. 그리고 햇살이 눈부신 거실을 지나면 안방 앞으로 조그마한 계단이 나오거든요. 그 계단을 내려가면 남편의 서재 겸 게스트 룸으로 향할 수 있죠. 동선이 재미있어서 저희 가족과 외부인들 모두에게 매력적으로 다가오는 것 같아요. 특히 게스트 룸으로 향하는 계단 한쪽으로는 책장을 놓아 책이나 소품을 전시할 수 있어 재미도 있고 무엇보다 실용적이어서 만족스러워요.

다양한 삶의 켜가 겹쳐진 다층적 풍경

그리드로 만들어진 마당들과 방들의 직조는 안과 밖의 반복과 차이로 다양한 켜가 겹쳐진 다층적 풍경을 만들고 있다. 마당과 대청은 경계 없이 이어지고 뒤쪽 완충녹지로 시선이 연장된다. 이 축과 교차되는 1, 2층의 다양한 켜들은 가로, 세로 시선의 방향에서 안과 밖의 중첩과 함께 공간의 깊이를 만들고 있다. 그리드로 관계 조직된 마당과 방들은 시간, 자연, 감성, 탈일상, 주변 풍경 등과 중첩되면서 삶의 풍성함을 더하고 있다.

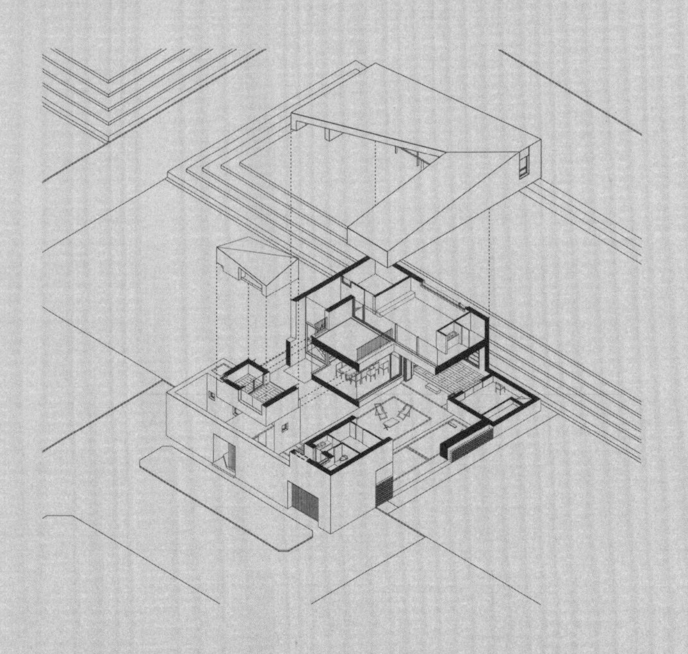

조건과 맥락	청라의 단독주택 택지 지구 내 필지로 북쪽으로 완충 녹지와 멀리 골프장 원경이 보이는 땅이다. 남쪽으로는 진입도로가 있고, 아파트 택지의 도시 풍경이 보인다. 아들, 딸 남매를 둔 부부는 아파트를 벗어나 아이들과 함께 가족들만의 라이프 스타일을 반영한 집을 원했다. 마당과 함께하는 삶을 원했고, 2층도 테라스가 있어 풍부한 외부공간이 있기를 원했다. 밖으로부터 시선이 차단되지만 집 안에서는 밖의 조망을 할 수 있는 집이고자 했다. 가끔 남편 손님의 방문도 있기에 가족들의 영역이 손님들과 독립적으로 보호받기를 원했다.
위치	인천시 서구 청라동
대지면적	357.20㎡
건축면적	175.30㎡
연면적	257.63㎡
용적률	55.95%
건폐율	49.08%
영상	

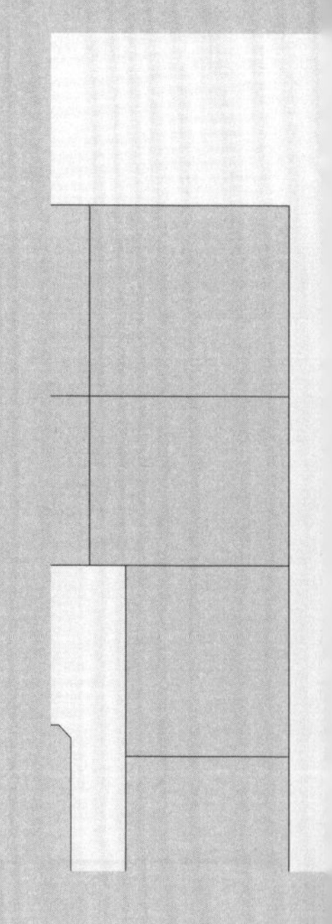

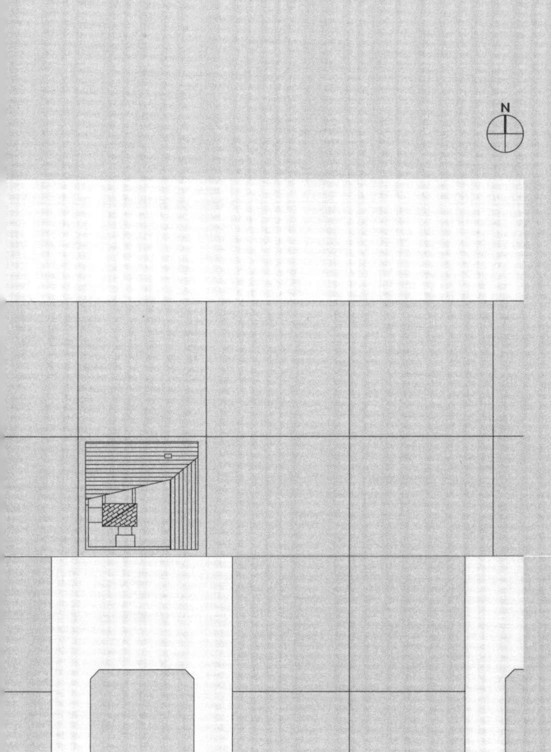

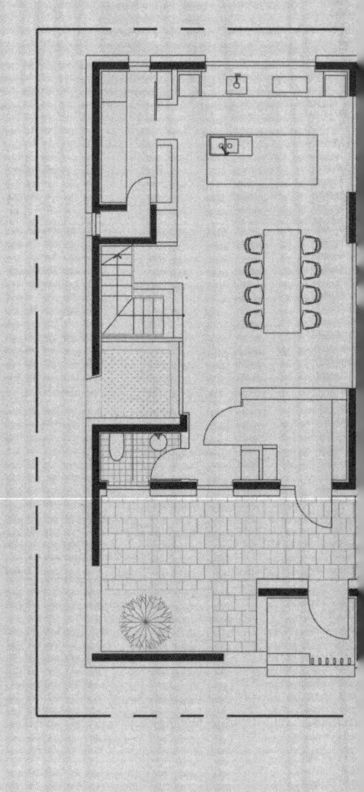

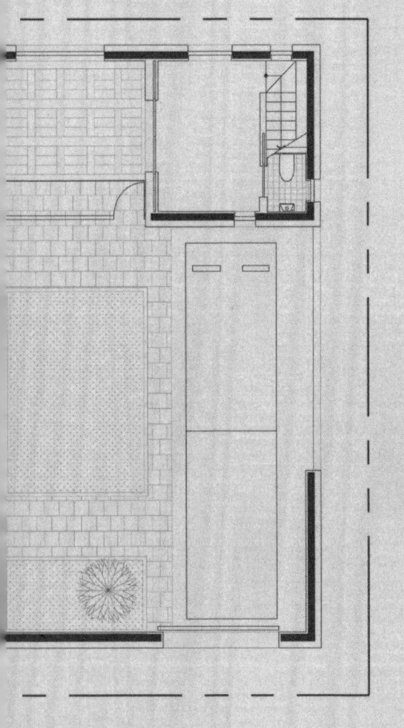

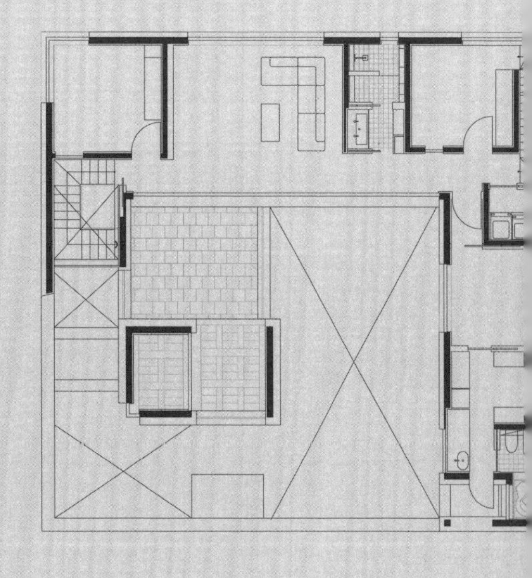

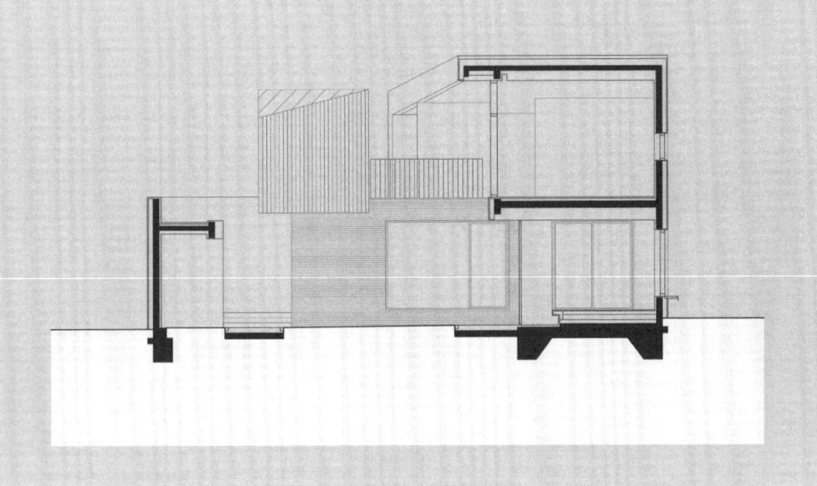

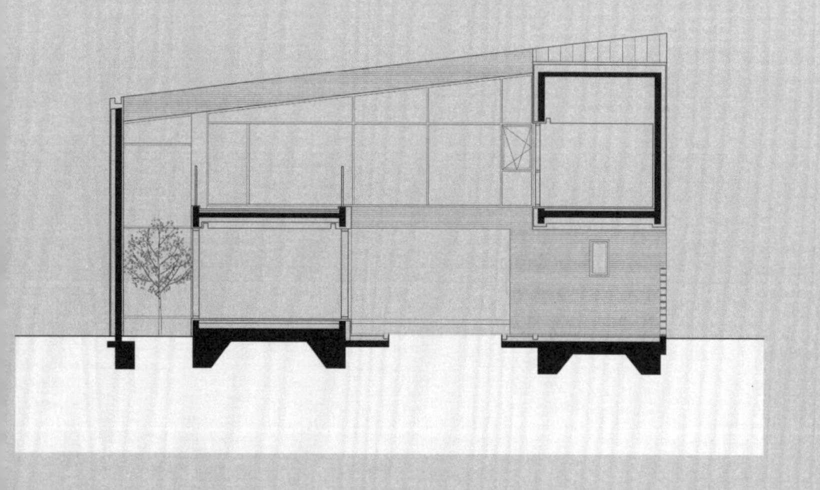

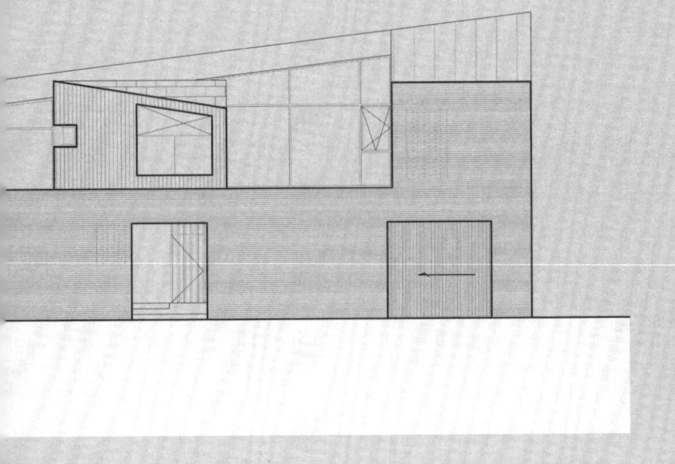

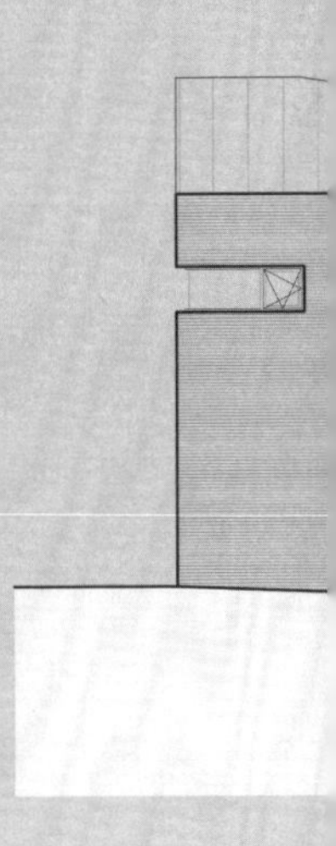

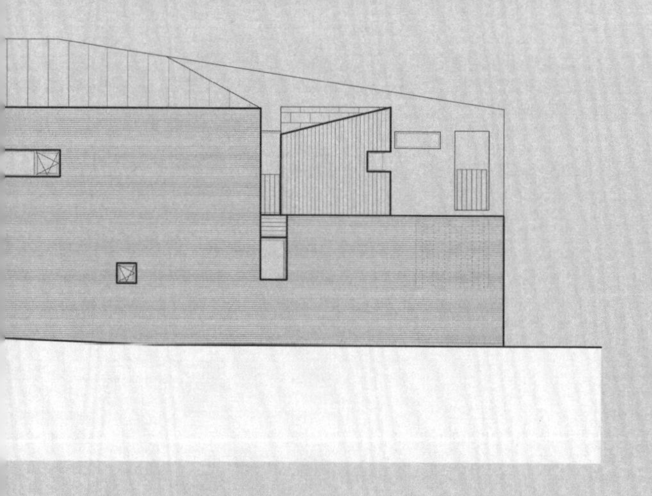

그리드로 형식화된
네 개의 마당

정방형의 땅은 수많은 그리드 선의 조율을 거쳐 9분할의 그리드로 계획되었다. 9분할은 부분적으로 더 분할 변형되면서 평면이 세부화된다. 이렇게 분화되면서 네 개의 다른 성격의 마당이 방들과 함께 조직된다. 1층은 대문을 진입하면서 반기는 진입마당과 터의 중심에서 집 전체와 관계 조직하는 안마당, 내부화되면서 식당과 계단실에서 조망과 채광의 역할을 하는 작은 중정마당이다. 2층은 거실과 정자 사이에 위치하여 거실의 외부 시선을 차단하면서 탈일상의 삶을 담을 수 있는 테라스 마당이다. 네 개의 마당은 건축주의 라이프 스타일과 관계 조직하면서 삶 속에 확장된다. 마당은 내부와 경계 지워진 단순한 외부가 아니라 방들과 상호 작용하면서 짝을 이루어 방들과 세트로 일상을 조직하는 지붕 없는 방이 된다. 이처럼 터를 조직하는 느슨한 그리드로 형식화된 마당들은 그리드라는 통제선 위에 삶의 우연성으로 채워지는 장소가 되는 출발점이다.

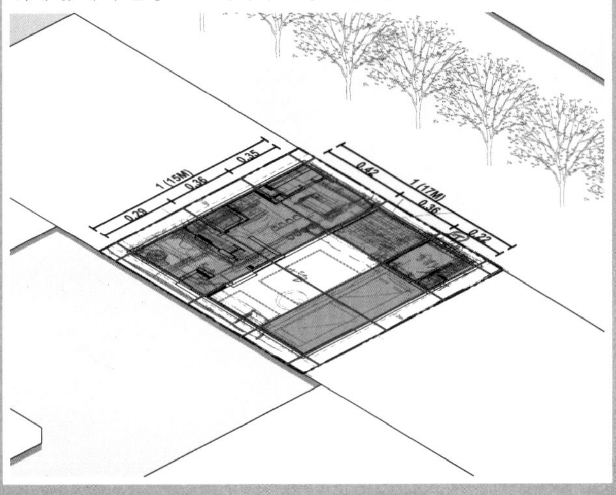

다면적 삶을 직조하는 마당

그리드로 형식화된 터의 채움과 비움의 공간은 삶의 다양한 층위로 관계 조직된다. 여기서 마당은 다양한 층위들의 관계를 만들어가는 장치로 역할을 하게 된다. 일상 속 가족 간의 영역 관계, 손님과 거주인들 간의 점유 관계, 기능 방과 탈 기능 방의 일상 관계, 거주와 일(재택)의 위치 관계, 안과 밖 사이간의 경계 관계 등 다층적 삶의 층위가 관계 조직되어야 한다. 가족 간 영역 관계는 1층과 2층에서 아내와 남편, 부부와 자녀의 영역 구분으로 계획된다. 1층은 아내의 주 공간이자 가족 공유 공간인 부엌 식당과 남편의 서재이자 손님방이 되는 사랑방이 안마당과 대청을 사이에 두고 배치된다. 2층은 거실을 중심으로 좌우에 남녀 자녀 방을 두고 안방은 거실에서 가장 거리가 먼 곳에 배치시켜 부부와 자녀 조닝을 구분시키고 있다. 방문 손님의 점유 관계는 1층 사랑방과 대청만을 점유하면서 가족들의 영역을 침범하지 않게 하였다. 사랑방은 남편의 재택근무를 위한 방으로도 사용되기에 2층 동선에서 접근을 따로 배려하였다. 1층의 대청과 2층의 정자는 기능 방들의 사이 관계를 더욱 풍부하게 하면서, 안과 밖의 경계를 모호하게 하여 일상 공간의 경험을 더욱 다양하게 해주고 있다. 여기서 마당은 다층적인 삶의 관계를 조직하는 장치가 되고 있다.

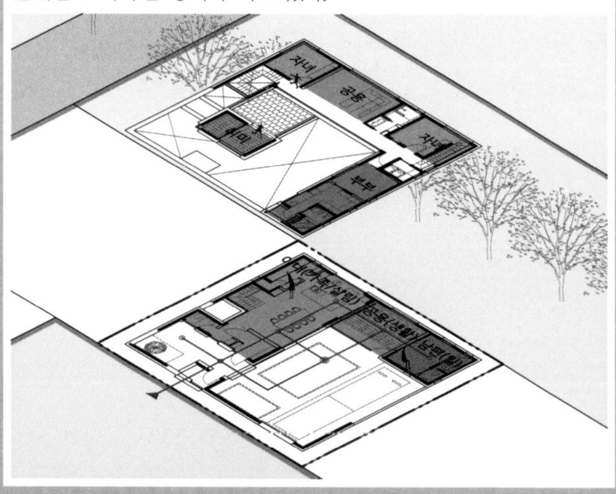

마당, 다층적 풍경으로 조직되다.

그리드로 만들어진 네 개의 마당은 내부 방들과의 모호한 경계를 만들면서 안과 밖의 반복으로 중첩된 경험을 만든다. 여기서 풍경은 단순히 바라보이는 마당이 아니라 일상의 행위와 함께 시간의 현상과 자연물, 주변 풍경이 중첩되면서 다층적 모습으로 인식된다. 1층의 세 마당은 대문 진입, 부엌 식당, 사랑방, 대청, 주차장과 켜를 만들면서 격자로 조직되어 가로 세로 시선의 방향에서 안과 밖이 중첩되는 깊이를 만들고 있다. 2층의 테라스 마당도 거실조닝, 정자, 안방 영역, 주변 도시 풍경과 켜로 조직되면서 중첩된 시각적 경험을 하게 해준다. 이처럼 마당은 일상 속에서 삶, 시간성, 자연, 감성 현상, 탈일상 등이 중첩되어 인식되는 다층적 풍경을 스스로 생성하게 된다.

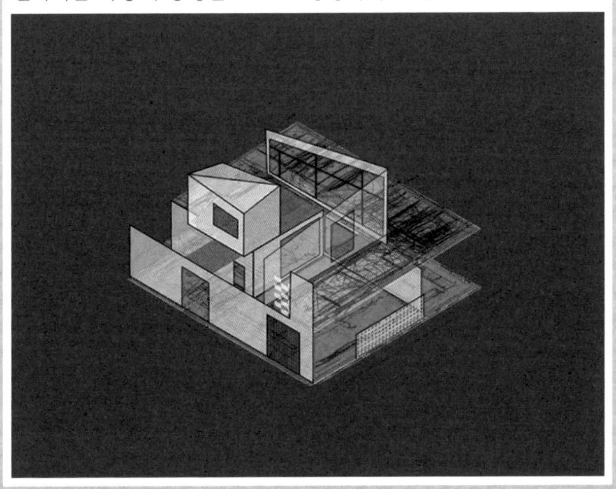

에세이
Essay

마당의 해체 그리고 비건폐지의 역설

홍만식

근대 초기 1900년대 초중반, 도시한옥은 우리의 주거문화였다. 필지의 맥락에 따라 채와 마당이 짝을 이루면서 배치되고 수려한 곡선의 목구조 지붕을 얹은 도시주거의 유형이었다. 마당은 채광, 내부 방들의 구성, 길과의 관계를 만들면서 다양하게 진화된 중요한 주거 요소였다.

가구식 목구조의 도시한옥은 도시화에 따른 건폐율에 대한 규제가 시작되기 전에도 마당은 어디서나 누가 지어도 지속적으로 존재했다. 반면에 철근 콘크리트 구조의 오늘날 주택들은 건폐율의 법규가 지속되고 있지만 마당은 불연속적이고 다양하게 변질되면서 존재한다. 건물로 채우고 버려진 공터로, 생활이 아닌 나무로 채워진 정원으로, 사람이 아닌 차로 채워진 주차장으로, 내부 생활과 연계 없는 남겨진 외부공간으로, 건물 스케일과 맞지 않는 크기의 광정으로 마당은 문화적 개념적 기준 없이 점차로 해체되고 있는 것이다. 여기서 질문이 생긴다.

홍만식
2006년 건축설계와 기획을 결합한 리슈건축을 설립한 후, 자본주의 사회에서 '소비가치로서의 공동소 共同所 찾기'라는 질문을 지니고 건축 설계 작업을 하고 있다. 공존을 위한 병치, 사이존재로서의 건축으로 질문을 확장해 활동 중이다. 저서로는 『상가주택 짓기』(위즈덤하우스, 2016), 『마당 있는 집을 지었습니다』(포북, 2019), 『좌향, 여백, 표층』(어커먼즈프레스, 2022)가 있다.

과연 우리의 전통건축이나 도시한옥에서 마당은 문화적, 개념적, 정신적 산물이었나? 왜 건폐율의 규제가 생기기 전에도 땅을 내부로 더 채워서 짓지 않았는가? 아니면 개념적 산물이기보다는 가구식 목구조라는 구조 기술의 한계에 의해 채를 구성하고 남는 비건폐지의 활용이지 않았을까? 이왕 비워지는 외부라면 오랜 세월 삶과 관계 조직하면서 진화한 온전한 비례의 외부가 마당이 되지 않았을까? 그래서 근대화 과정에서 철근 콘크리트라는 근대적 구조 기술을 만나면서 마당의 존재는 한계의 조건이 아니라 선택의 조건으로 전환되지 않았을까?

역설적으로 마당에 대한 생각의 전환이 필요한 시점인 것 같다. 마당은 해체되었고, 되고 있고, 앞으로 더 변질될 것이다. 정신적 개념적 접근만으로는 마당이 지속적으로 지켜지기는 힘들어 보인다. 마당의 복원이나 회복 같은 윤리적 태도를 모든 건축가나 건축주들에게 요구할 수도 없다. 오히려 마당은 우리의 삶의 가치와 서구의 합리적 기술(철근 콘크리트)의 건축 문화 접변의 산물로 진화되어야 하지 않을까?

이제 우리는 언제나 누가 지어도 지속적으로 마당이 만들어질 수 있는 형식적 방법을 제안해 보고자 한다. 건폐율을 채우고 비우는 비건폐지의 잠재적 가능성을 활용하는 형식이다. 여기에 더해 오늘날 삶과의 관계 속에서 라이프 스타일이 담긴 온전한 스케일의 비건폐지를 만들고자 한다. 따라서 건폐율은 이제 채우기 위한 법규의 인식 틀을 넘어 비건폐지를 형식화 하여 마당을 만들라는 규율이 된다.

통제된 우연성

그리드의 통제성과 비건폐지의 우연성 사이에서 발생되는 공간을 탐구하며 특유의 공간 경험적 층위를 만들어 낸다. 집들의 공간 경험은 평면과 입체의 교류 위에 겹겹이 쌓이는 안과 밖의 반복 속에서 생성되는 경계의 미학이다. 결국 삶의 기하학 속에 담긴 비건폐지인 생활 마당들은 시간과 삶의 변주 속에서 우연성들로 채워진다. 느슨한 그리드로 형식화된 마당 집들은 통제된 우연성을 만들면서 정주의 집이 된다. 그림1

터를 조직하는 형식*Form*

우리는 건폐지와 비건폐지를 동일한 방으로 인식하는 작업을 하고자 한다. 터는 그리드를 통해 건폐지와 비건폐지가 통합된다. 어딘가는 채우고 어딘가는 비워지는데 느슨한 그리드는 미세한 경험적 비율로 조정된다. 대지의 조건과 상황에 따라 지붕 없는 방은 배치되고 온전한 비례를 만들어 가면서 터를 조직하는 형식으로 작동한다. 여기서 비건폐지 즉 지붕 없는 방은 라이프 스타일과 관계를 만들어가는 출발점이 된다. 그림2

방들을 직조하는 장치*Divice*

오늘날 라이프 스타일의 변화와 요구는 너무나 다양하고 빠르게 진행되고 있다. 특히 집들은 단순한 기능적 요구 외에 많은 관계적 언어를 요구한다. 중심과 주변, 위계적 분리와 연계, 공적 공간과 사적 공간의 경계, 가족 영역의 보호와 손님과의 소통, 부모 영역과 자녀 영역의 구분, 자연과 인공의 공존, 일과 주거의 복합, 일상과 탈 일상의 병치, 다양한 취미공간의 개입 등 빠른 사회적 변화와 함께 집의 역할이 복합화되고 있는 것이다.

여기서 비건폐지는 방들의 관계를 조직하면서 부분적 질서의 연결로 전체를 만들어 나간다. 특히 방들과 상호 기능적 관계를 직조하면서도

그림1

가회동 11번지 일대 도시한옥 엑소노

도시맥락과 관계를 가지면서도 필지와 삶에 따라 다양한 마당이 형성되어 있는 도시한옥들을 볼 수 있다.

출처: 서울시립대학교 역사도시 건축연구소

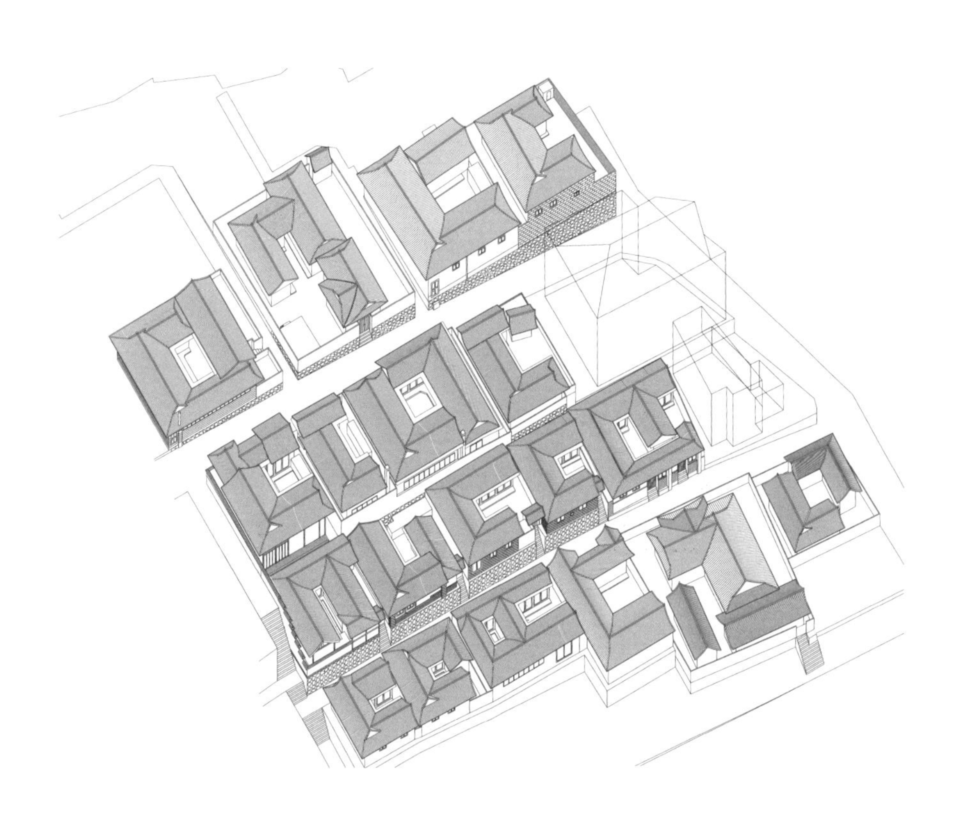

그림2

도시맥락에 대응하는 도시한옥 유형

도시한옥이 도시상황과 관계 조직하면서 마당을 통해 다양한 방향성 형성과 방들의 관계조직하는 유형을 볼 수 있다. 마당은 채들의 칸 모듈에 따라 형성되지만 느슨한 그리드의 모습도 읽을 수 있다.

출처: 서울시립대학교 역사도시 건축연구소

집합적 위계와 질서를 만들어 내는 장치로서 생활마당이 된다.
이처럼 생활마당은 안과 밖이 서로 연장되어 다양하고 복합적인 행위가 일어나는 생성적 공간이라고 볼 수 있다.

풍경을 생성하는 장소*Place*

비건폐지(생활마당)는 주어진 땅과 삶의 조건에 따라 다양한 모습으로 계획된다. 때로는 주변 환경 속으로 확장되는 수평적 장치이자 위 아래층이 공유되는 입체적 공간으로 활용되며, 한편으로는 터의 중심에서 겹쳐지는 다양한 삶의 켜와 여러 일상을 담아내는 다층적이고 다중적인 풍경으로, 그리고 안과 밖의 반복에 의해 중첩되고 투영된 깊이와 열림과 닫힘이 혼재된 내부공간의 풍경으로, 비건폐지는 여러 양상을 통해 존재를 드러난다. 더 나아가 주변 환경과 관계 조직하면서 방들은 맥락적 좌향으로 구축되고, 주체의 위치는 유동적으로 설정된다. 비건폐지와의 관계조직으로 더 이상 방(L, D, K, R), 벽체, 마당, 마루, 담들은 구분을 위한 경계가 아니라 안과 밖의 중첩을 생성시키는 모호한 경계로 작동된다. 생활마당이 스스로 삶의 풍경을 생성하는 장소가 되는 것이다.

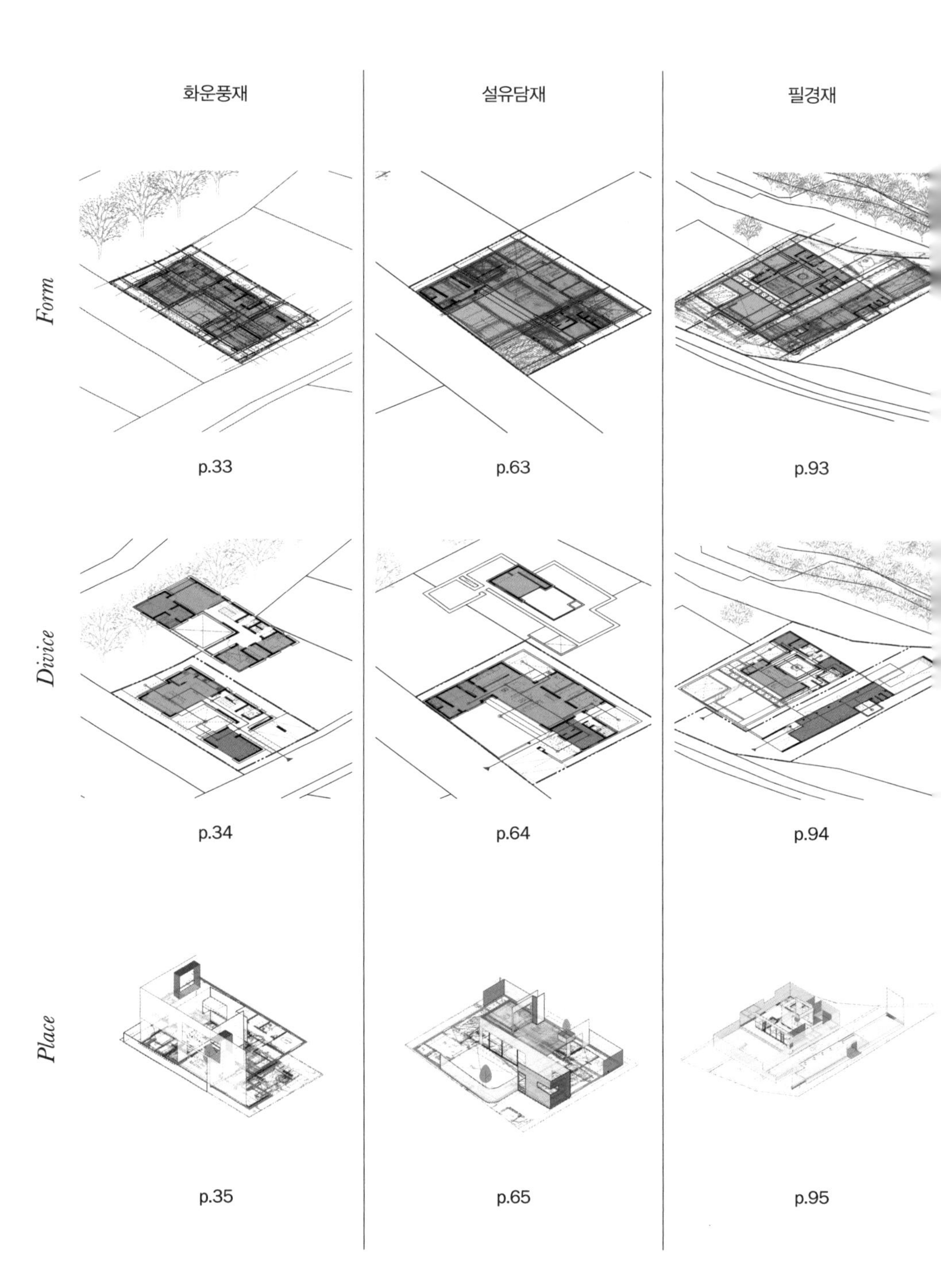

화운풍재
설유담재
필경재
Form
p.33
p.63
p.93
Divice
p.34
p.64
p.94
Place
p.35
p.65
p.95

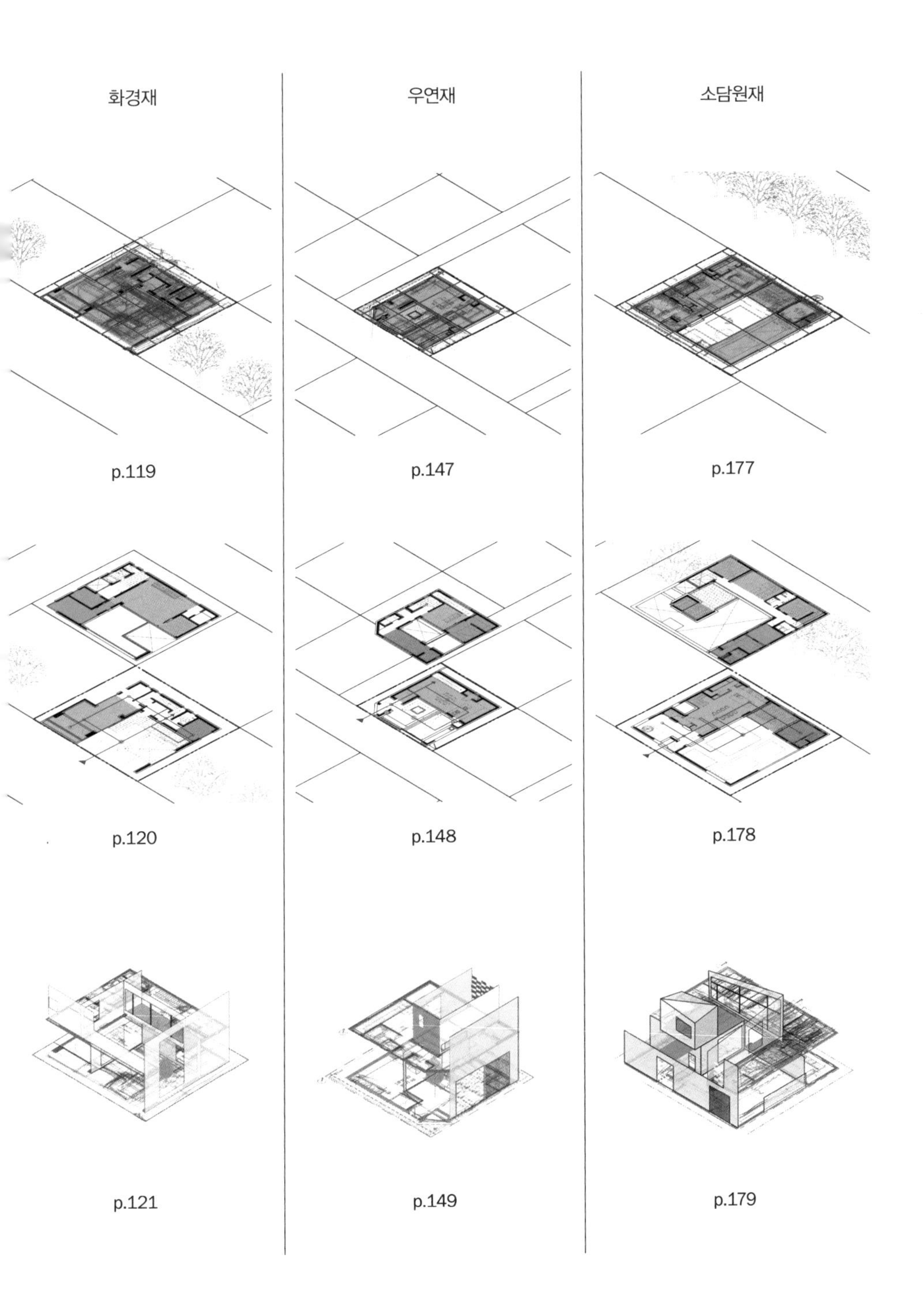
화경재
우연재
소담원재
p.119
p.147
p.177
p.120
p.148
p.178
p.121
p.149
p.179

표준주택 유형과 규범으로부터 공간 모색

강난형

전문가의 오류는 만약 미래 사용자와 논의할 시간을 갖는다면 예방될 수 있다. 그러나 많은 미래 사용자의 모든 바램을 표현할 시간은 없다. 그때 전문가는 '평균적인 인간'을 발명하고 상상해낸다. 그는 그의 계획을 '평균적인 인간'을 위해 사용할 것이고, 명백히 미래 사용자들은 이 계획에 만족하지 못할 것이다. '평균적인 인간'은 존재하지 않는다. 사실 계획의 위기는 사용자와 전문가 사이의 대화 불가능함에 대한 결과이다. 그럼 어떻게 해야 하나? 미래 사용자는 그 스스로 언어를 배우면, 그 언어로부터 예상되는 결과들을 볼 수 있게 된다. 그러면 미래 사용자는 어떤 전문가 없이 자신이 계획할 수 있을 것이다.[1]

제 2차 세계대전 이후 경제성장과 주택공급을 명목으로 건설업이 확장되던 시기, 건축가들은 도시의 팽창과 빠른 변화속도를 대응하기 위한 디자인을 제안했다. 요나 프리드만 *Yona Friedman*(위의 인용문)과 같은 메가스트럭처 건축가는 인구폭증 시대 무언가를 예상해야 하는 계획 영역을 최소화하고, 큰 구조체와 작은 구조 유닛의 관계를 고민하며,

강난형
건축가이자 건축연구자로 홍익대학교 건축학과를 졸업하고 서울시립대학교 건축학과에서 박사학위를 받았다. 버클리대학교 건축학과 및 동아시아연구소 방문학자였고 현재 건축사사무소 아키텍토닉스의 대표 연구자로 활동 중이다. 주요 저서로는 『경복궁의 모던 프로젝트』(2018, 제9회 심원건축학술상 수상작), 공저 『국가 아방가르드의 유령』 (프로파간다, 2019), 『HURPI구술집 1964-1967』 (마티, 2022) 등이 있다.

이를 통해 건물의 수명까지 조정하는 성장구조의 도시를 꿈꾸었다. 그들은 표준적 주거환경에 대해 비판함으로써 건축의 사회적 기능을 생각했고, 그들의 디자인이 거주자에게 최대 자율성을 안겨줄 수 있다고 믿었다.

동시대 한국 개발국가의 근대화 과정은 압축적이었던 만큼, 인구폭증 시대를 대변하는 표준주택의 건설은 산업환경의 구축과 긴밀하게 연동된다. 이때, 한국 건축가들이 취했던 태도는 메가스트럭처 건축가들과 매우 다르다. 도시민의 자율성을 해친다고 비판할 만큼 단단한 표준주택시장이 구축되어 있지 않았다. 21세기 현대건축은 이러한 개발국가의 건축적 유산에서 시작되는 것이다. 현대 건축가는 이미 주택산업생태계의 주축이 되는 보편적인 주거유형, 아파트라는 문제를 무시할 수 없다. 만약 주택시장에서 목소리를 갖기 위해서라면 말이다.

리슈건축의 작업 전략은 경제적 가치를 드러내면서 건축적 언어를 놓치지 않고자 했다. 현실 건설시장을 읽는 것에서 시작했었다. 대표적인 저서 제목인 『좌향, 여백, 표층』은 여느 상업건물들의 대안으로 제시한, 보편건축의 해법을 뜻한다. 그들은 좋은 건축의 영역으로 여겨지지 않았던 상업건물도 중요한 건축 설계의 현장이 될 수 있다고 믿는다. 좌향은 저층부는 길과 대응하지만, 이와 다르게

1
Ruth Eaton, *Ideal Cities: Utopianism and the (Un)Built Environment* (Thames & Hudson, 2002).

상층부는 길의 상황보다는 빛과 풍경이 고려된 배치를 뜻한다. 표층은 수평적인 기준층을 반복 적층하며 최대 임대면적 산정에 급급했던 매우 얇은 파사드의 전형에 대한 질문에서 시작했다. 그리고 안과 밖 사이의 매개 역할을 하는 두꺼운 경계를 갖도록 재구성된 파사드를 제시했다. 마지막으로 여백은 철저히 면적 산정법으로 만든 내부 공간은 결국 외부공간의 환경 문제가 될 수 있음을 지적했다. 여느 건축가와 다르게 리슈건축은 상업건물의 연작을 통해 최대 용적률을 반영하면서도, 보이드와 매스의 분절, 수직적 동선의 비틀기를 통해 공간감을 최대화하는 건축의 영역이 가능함을 주장해왔다. 상업건물의 역사적 접근으로 2층 도시한옥이 소환되었던 것처럼, 이번 주택 연작의 시작점도 도시건축의 규범과 유형을 다룬다는 점에서 공유지점이 있다.

21세기 도시주거유형 아파트와 LDK

인구팽창 시대 주거 공간의 표준화 과정에 지대한 역할을 했던 도시한옥의 다음 주자는 선분양의 공동구매방식을 취했던 아파트이다. 현재 우리가 사는 집은 nLDK라는 프로그램의 구성 방식으로 일정한 표준적 인구의 구성이 상정되어 있다. 저성장시대 속 1인 가구율이 증가하고, 인구가 감소하는 등 새로운 가족문화에 대한 논의가 당연해 보이지만, 아파트가 아닌 주택일 경우라도 집의 논의는 LDK에서 시작된다.

아파트의 표준설계가 정형화되는 과정에, '온돌'과 '대청(마루)'은 침실과 거실로 바뀌었으며, 입식생활과 식침분리 논의에 따라 부엌을 공간적으로 분리한 DK와 LK는 거실과 연결된 LD+K, L+DK로 변화되었다. 최종적으로 가족생활공간을 위한 거실 중심의 nLDK

통합형 공간구성은 1970년대 말에 완성되었으며,[2] 현재 우리의 집에 대한 공간 인식을 지배하고 있다.

가족주의로부터 이상한 방의 배치에 대한 질문: nM-LDK

이에 따라, 현대주택의 건축가는 표준화된 nLDK에 대한 대안을 논의해 왔다. 방과 방, 방과 거실 관계를 해체하거나, 집의 외부 경계의 다공성 공간을 확보하는 것이 그 예라 볼 수 있다.[3] 두 대안은 매우 다른 태도로 보이지만, 방을 해체하여 다양한 방의 집합 방식을 유도하는 전자와 가로에 면하여 투명성을 부여한 계획은 사적인 가족 공간을 해체하자는 태도라는 점에서 비슷하다.

신도시 교외주택들을 지속하여 설계해온 리슈건축은 위 건축가들처럼 보편 주거 방식이었던 LDK 프로그램을 해체하거나 LDK 공간이 집합되는 방식을 고민하지 않는다. 현재 한국의 전형적인 집은 단지형 아파트, 주상복합아파트, 빌라, 단독주택 등을 망라하고, L거실과 D식당, K식당에 밀접한 R방의 공간 구성을 취하며 사적인 가족공간이 중심이 된다. 리슈건축의 주택 연작 역시 그 수평적인 공간 구성에 있어 순응하는 편이다. 그 차이라면 새로운 방으로서 마당-M들을 덧붙였다. 그러나 이번 주택 연작에서는 중요한 주제가 된 마당은 조선시대부터 집을 계획하는 근원적인 공간이라는 의미가

2
신운경, 「국민주택의 시대적 변화에 관한 연구 : 규모 기준 국민주택 제도화의 연원과 의미」, 서울시립대학교 건축학 박사학위논문, 2023. pp. 211-219.

3
조현정, 『전후 일본건축』(마티, 2021). pp. 292-293.

아니다. 그보다, 도시한옥의 마당을 규범과 유형이라는 근대건축언어로 새로이 해석하면서 출발했다.

20세기 도시한옥의 마당

도시한옥은 '1920년대부터 1970년대까지 서울을 중심으로 대형 필지를 분할하거나 토지구획정리사업으로 조성한 주거지에 집단으로 건설한 한옥'을 말한다.[4] 도시 인구 증가에 따라 기성시가지나 교외 지역에 '대지와 건물이 동시에 계획되고 건설된 것'이다. 주문형생산방식보다는 '평균적인 도시인에 적합한 표준화된 평면'으로 대량생산방식을 실험하였으며, 대체로 120~150제곱미터의 건폐율 60%, 단층 한옥이 주를 이루었다.

돈암지구 도시한옥의 경우, 경성시가지계획에 의해 토지구획정리, 택지개발, 토지구입자금 융자, 건축계획, 분양, 주택건축 건설까지 표준주택의 실험장소가 되었다. 돈암지구의 토지구획정리방식은 가로 90~110미터 세로 30~40미터의 크기의 블록을 도로 폭 6~8미터에 면하도록 구성하고자 했다. 그러나 토지구획정리방식에서 택한 동서장방형 블록 계획은 가로변 깊이가 깊어, 도시한옥을 배치하기 부적절했다. 이미 서울 가회동, 삼청동 지역에서 도시한옥집단지를 개발해온 정세권, 김종량, 정용식 등은 돈암지구에서 들어와, 이웃과

4
송인호, "도시한옥", 한국건축개념사전 기획위원회 기획편집, 『한국건축개념사전』(동녘, 2013). pp. 297-298.

5
팔보(八甫), 「서울 잡기장」, 『조광』, 1943년 1월호.

함께 사용하는 골목을 새로이 계획하고, 골목에 면한 다양한 필지별로 꺽임 부가 있는 지붕공간을 배치하면서, 마당을 둘러싼 다양한 유형들을 새로이 시도했다. 각 건물들에 대한 정보는 신문이나 잡지의 방매가 광고를 통해 소비자에게 전달되었고, '실생활'과 '건축미'를 가미한 조선식 주택이라 광고했다.

내가 현재 살고 있는 이 안암정은 모조리 집 장사들이 새 재목을 우지끈 뚝딱 지어놓은 것으로 그야말로 전통이 없는 개척촌과 같이 보일 수밖에 없다. 서울 살림이 자꾸 불어만 가기로 작정하니까 하는 수 없이 혹은 당연한 추세로 여기까지 살림을 분가한 것인데. 그래서 그런지 여기에 사는 다른 사람들도 대개는 식구도 단출한 단칸살이, 아들로 치면 둘째나 셋째가 살림난 지차들.. 놀라운 것은 청사진 두서너 장의 설계로 지은 집단주택이 한 번지 안에 육십 호 가까이나 된다. 사방에서 몰려와서 일제히 너는 사십 호 나는 이십 호로 아파-트 방 차지하듯.. 교원, 회사원, 음악가, 화가, 각기 그럴듯한 직업을 가진 젊은 아이의 아버지들은 혹 전차 안에서라도 만나면 정답게 인사를 하면서.. [5]

도시한옥의 마당은 주택의 사적 공간으로서 중요한 작업공간이자 생활 의례 공간이다. 동시에 도시 교외 주거지 개발에 따라, 상하수도와 전기 같은 인프라 시설이 마당을 통해 내 집안으로 연결되는 도시와 집의 경계 공간으로 그 중요도가 높아졌다. 또한, 토지구획정리 사업지의 경우 일정한 규모의 필지와 가구가 설정되었으며, 마당의 규모에 대한 규범이 강화되었다. 한국의 경우 필지별 건폐율은 80% (시가지 건축물 취제규칙, 1913년 기준)로 도입되었다가 토지구획정리사업으로 일정한 규모의 필지와 가구가 설정되면서 주거지역 60% (조선시가지 계획령, 1934년 기준)로 변화했다. 그림1

그림1

경성시가지계획(1936)과 토지구획정리사업지구

제공: 서울역사박물관

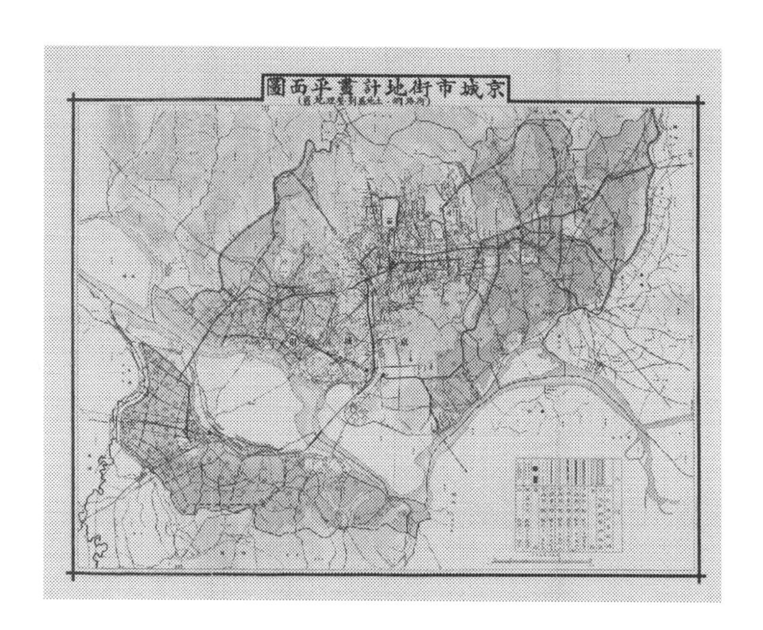

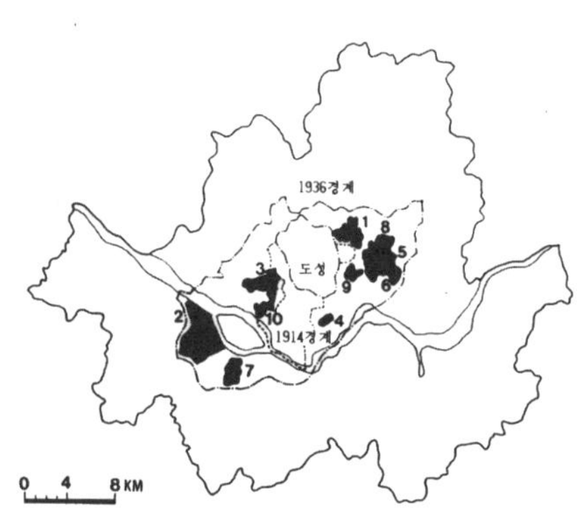

토지구획정리지구			지구지정	시행명령	입안 후 인가	계획지구 면적
1차	돈암지구	1	1937.2.20	1397.3.22	1937.11.8	68만 3천평
	영등포지구	2			1937.10.25	159만 1천평
	대현지구	3		1937.11.6	1938.11.16	47만 8천평
2차	번대지구	7	1939.1.19	1939.3.16	1940.1.12	27만 1천평
	한남지구	4			1939.11.24	12만 4천평
	사근지구	5			1940.1.12	52만 4천평
	용두지구	6			1940.1.10	58만 8천평
3차	청량리지구	8	1939.1.19	1940.3.12	1940.10.15	33만 3천평
	신당지구	9			1940.10.15	45만 8천평
	공덕지구	10			1940.10.15	45만 3천평

일제강점기에 계획, 시행된 지구

*서울특별시, 『서울시 토지구획정리 연혁지』, 1984을 바탕으로 재작성

건폐율이 강화되면서, 도시화에 따른 열악한 주거환경을 해결하기 위해 필지별 건축조항에 따라 도시한옥 가운데 마당은 계획가라면 규범을 고민하며, 다양하게 유형을 시도할 수 있는 또 다른 영역이 되었다. 한 세기 지난 지금도, 서울의 법규는 제1종/제2종 전용주거지역, 제1종/제2종/제3종 일반주거지역, 준주거지역으로 토지 이용은 세분되었지만, 50~70%까지 필지별로 수평 투영 면적을 규제하고 있다는 점에서 매우 고정적인 기준이 된다. 그런 점에서 건축이 건축주의 요구와 예산, 법규 그리고 여러 조건 등 주어진 환경에 더해진 생각이라는 태도는 일관된다.

비건폐지에서 출발한 도시한옥의 마당이 현대도시의 주거양식으로 어떠한 질문을 던져줄 수 있을까. 서울의 도시한옥은 1930년대부터 1970년대까지 지어졌고 가로와 필지, 건물의 도시적 질서를 형성했다는 점에서 유형적 발전 단계로 볼 수 있지만, 그 자리에 다세대 주택이나 근생 건물이 재건축되어 더 이상 도시주거의 유형이 아니라는 의견도 있다.[6]

그에 반하여 21세기 서울의 도시한옥 건축가들은 끈질긴 실험을 진행해 왔다. 이미 작동되어 온 시스테매틱한 체계가 있는 건축유형으로 목구조 구축술의 혼종 방식이나 디지털 환경이라 가능한 작은 가구 스케일의 변화를 시도해온 황두진, 돌과 쇠의 장인기술로 새로운

6
이상헌, 『서울어버니즘』 (공간서가, 2022). p. 83

파사드 실험을 제시해온 최욱, 바닥의 수평면과 지붕의 단면의 문제로 공간의 감각을 절제하고자 했던 서승모의 작업은 다양한 건축가들이 취해온 공간 모색 방식이었다.

이와 거리를 두고 그가 한옥을 짓지 않고도 한옥의 요소인 마당을 이야기하는 것은 몇 가지 질문거리를 제시한다. 홍만식의 스케치 작업은 명확하게 주어진 지침이 없는 상태에도 따라야 할 질서이자 순서의 시작점으로 마당의 규모를 설정했다. 이때, 마당은 형식논리의 유형으로 보기는 어렵다. 단지 '모사하거나 모방해야 할 사물의 이미지이거나 하나의 전형을 위한 원칙으로 스스로에 기여할 요소에 관한 생각을 제시하기*Antoine-Chrysostome quatremere de Quincy*' 보다는 발생 논리에 가깝다. 유형은 이제까지 기율화된 지식의 부분으로 조직된 특성이자 흔적들로 분류될 만한 전통적인 수단이었다. 유형이 불멸하고, 움직이지 않는다는 믿음과 달리, 마당에 대한 질문은 '시간에 따라, 공간의 사용에 따라 변화하는 환경에 대응하는 기율'을 향하고 있다.

마당은 건물로 채우고 버려진 공터로, 생활이 아닌 나무로 채워진 정원으로, 사람이 아닌 차로 채워진 주차장으로, 내부 생활과 연계 없이 남겨진 외부공간으로, 건물 스케일과 맞지 않는 크기의 광정으로 마당은 문화적이거나 개념적인 기준이 없이 점차 해체되고 있다.[7]

[7] 홍소장 "홍만식 건축가 리슈건축이야기: 건축 바깥의 건축", 2022년 12월 31자.

nM-LDK 주택 연작들이 취하는 관계망의 모색

주택 연작들은 마당뿐 아니라 정자나 마루를 실명으로 사용하고 있다는 점은 매우 진부해 보일 수 있다. 1990년대 4·3그룹이 도시를 맞서는 대상으로 삼고, 조선시대에 형성된 미학과 마당과 채의 분화 등의 공간문제를 오랜 시간 논의해 왔기 때문이다. 그러나 리슈건축이 지시하는 마당은 조선의 전통으로부터 출발한 마당이라기보다 도시적 조건에서 정형화된 도시한옥의 마당에 가깝다. 건폐율로부터 마당의 배치와 규모를 상정하되, 더 나아가 도시한옥의 마당에는 없었던 사적인 공간을 강화하는 역할이 부여된다. 이전 상업건물 연작이 건축의 용적률과 건폐율 사이 디자인할 수 있는 입체 공간에 대한 발견에서 출발한 것과 비슷하다. 마당들이 있는 주택 nM-LDK 의 연작들은 사적인 가족 공간의 해체를 의도하지 않았다. 그보다 풍부한 사적인 가족 공간은 있되, 개인의 공간은 빈약하다는 점을 문제 삼았다는 점을 생각해 볼 필요가 있다.

리슈 주택의 연작에서 볼 수 있는 첫 번째 전략은 LDK 공간을 탈중심화하는 것이다. 예를 들면, 화경재와 화운풍재의 경우 LDK 공간을 지나지 않고도 개인의 방을 진입할 수 있다.그림2 두 번째 전략은 개인의 공간 간에 사이마당을 두어 거리 두도록 하는 것이다. 물론, 필경재와 설유담재의 해법은 다르다. 필경재의 경우, 복도와 같이 긴 선형공간이 마당을 둘러 순환하도록 LDK 공간과 방 사이공간을 구성하였다. 설유담재는 다른 주택 연작이 내향적인 마당을 구성한 방식과 다르게 모서리에 아파트의 발코니와 같은 독립 마당을 둔 것이 특징적이다.그림3 이러한 발코니 마당은 물론 화운풍재나 우연재에도 발견된다. 세 번째 전략은 의도적으로 내부 공간 효과에 절제한다. 이에 반하여 마당은 한껏 입체적인 공간들을 구성했다. 보이드 공간을 마당에는 입체적으로 구성하는 것이다. 우연재와 소담원재가 그 예인데, 도무지 내부에서 높다거나 깊은 공간을 찾아볼 수 없다. 얕고 낮은 공간들의 경험은 의도적인 절제의 태도이다.그림4

주택 건축가가 만약 원형의 공간으로써 마당을 재현하는 것에 대해 관심을 가졌다면, 마당 논의는 퇴보했을 것이다. 주택 연작들에서 마당은 인간이 사용하는 객체공간으로써 설정되기 보다는 인간, 사물, 공간의 관계망이 다양하게 교차되는 지점으로 재설정되었다. LDK 공간이 아닌 마당들에 다양한 연결지점을 둔다는 점에서 밀집감이 아닌 거리감이라는 새로운 집의 논의가 시작되었다.

그림2

nM-LDK 방들의 관계 해체 엑소노 (1)

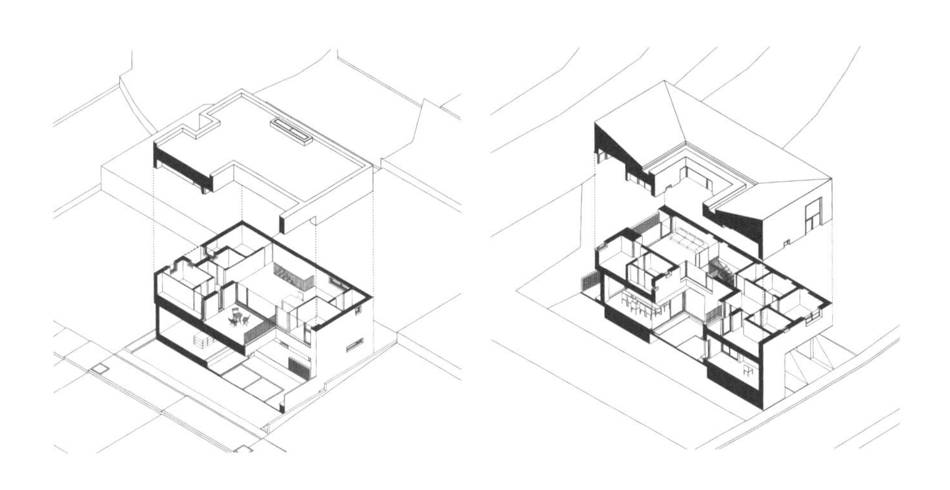

그림3

nM-LDK 방들의 관계 해체 엑소노 (2)

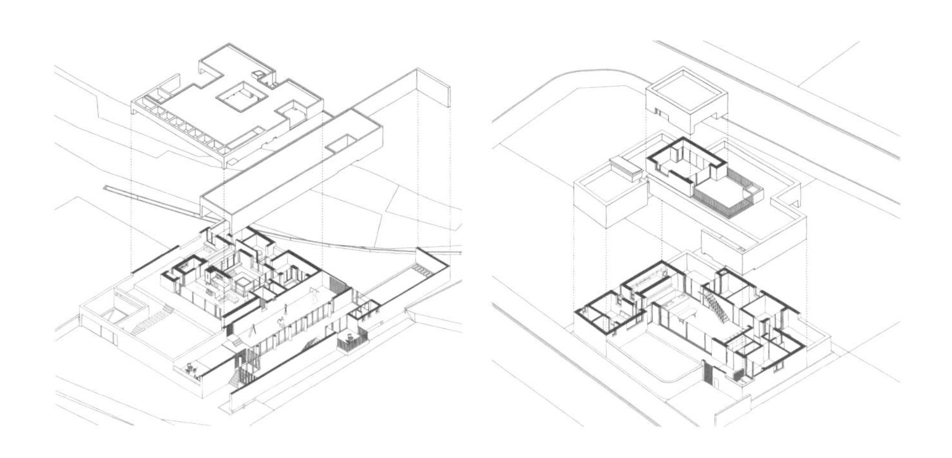

그림4
nM-LDK 방들의 관계 해체 엑소노 (3)

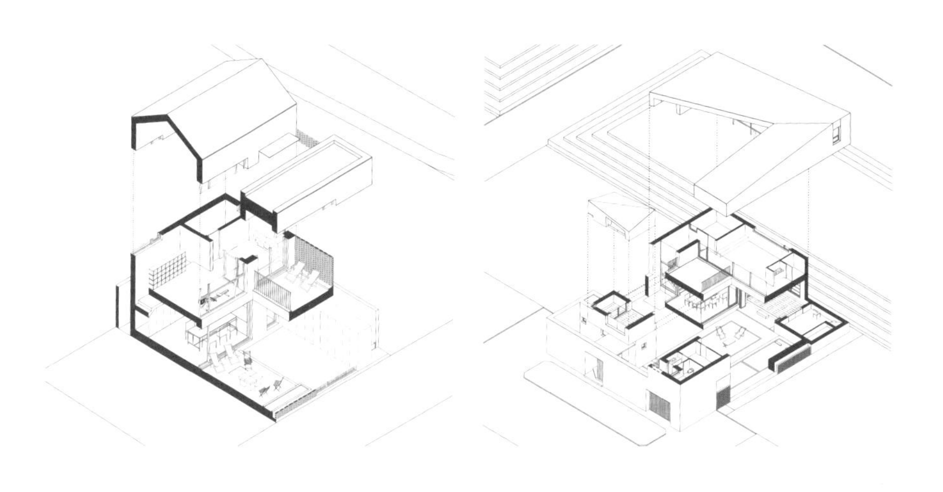

실용의 얽힘이 두드리는 삶의 소리들

현명석

우리의 지성 mind은 흡사 기름방울이 떨어져 만든 반점처럼 자라고 퍼진다. 그러나 우리는 가능한 한 반점이 적게 퍼지도록 한다. 오래된 지식, 오래된 편견과 믿음을 가능한 한 많이 바꾸지 않고 유지하려 한다. 우리는 갱신하기보다 덧대거나 수선하려 한다. 진기함 novelty은 서서히 스며들어 옛 덩어리를 얼룩지게 한다. 그러나 흡수하는 옛 덩어리 또한 마찬가지로 진기한 것을 물들이기도 한다. 우리의 과거는 통각 統覺, apperception하고 협력한다. 이렇게 새롭게 형성된 평형 상태, 곧 모든 지식 습득 과정에서 앞으로 나아가는 개별 단계가 끝난 평형 상태에서 새로운 사실이 '날것 그대로' 더해지는 경우는 거의 없다. 새로운 사실은 대체로 충분히 조리된 채, 또는 자주 쓰는 말로 옛것의 소스에 담가 푹 끓여진 채 새겨넣어진다.[i]

윌리엄 제임스, 『실용주의』(1907).

얽힌다는 것은 여러 개별체의 결합처럼 단순히 다른 것이 서로 꼬여 합쳐진다는 말이 아니다. 얽힘에서 독립된 자족적 존재는 없다. 존재는 개별체의 문제가 아니다. 개별체는 개별체 사이 상호 작용보다 앞서 존재하지 않는다. 오히려 개별체는 얽힘의 내부 관계 맺기 intra-relating를

현명석
서울시립대 학부와 대학원에서 건축을 공부했다. 미국 조지아공대에서 20세기 중반 미국 건축사진을 이론화한 작업으로 박사학위를 받았다. 대학에서 건축역사와 이론, 디자인 등을 가르친다. 『The Journal of Architecture』, 『The Journal of Space Syntax』, 『건축평단』, 『와이드AR』, 『Space』 등에 다수의 글과 논문을 실었다. 『건축사진의 비밀』(디북, 2019)의 공저자이며, 『건축표기체계: 상상, 도면, 건축이 서로를 지시하는 방식』(아키텍스트, 2020)을 엮었다. 서울에서 건축 매체와 재현, 시각성, 디지털 건축, 한국의 젊은 건축가들의 작업 등에 관한 연구와 저술에 몰두하고 있다.

통해, 또는 그 일부로서 창발 emergence 한다. 이는 곧 개별체의 창발이 단번에 일어나는 일이 아니며, 밖에서 주어진 시간과 공간의 어떤 정량 定量, measure 에 따라 일어나는 사건이나 과정이 아니란 말이다. 오히려 시간과 공간은 마치 물질과 의미가 그러하듯이 존재하게끔 되는 것이며, 각각의 내부 작용을 통해 반복 재형성된다. 따라서 창조와 갱신, 시작과 회귀, 연속과 불연속, 이곳과 저곳, 과거와 미래는 절대적 의미에 따라 구분할 수 없다.[2]

캐런 바라드, 『우주와 중간에서 만나기』(2007).

1

애초부터 한국의 살림집은 혼종hybrid이다. 신영훈은 전통 한옥을 온돌과 마루의 결합으로 정의했다.[3] 물론 온돌이나 마루가, 따로 놓고 보자면, 한옥에서만 볼 수 있는 고유한 것은 아니다. 온돌은 중국 일부 지역에서도 발견되고, 고대 로마에서도 뜨거운 공기를 바닥 아래나 벽체 안으로 순환시키는 하이포코스트hypocaust 난방 방식이 쓰였다. 마루 또한 바닥을 지면에서 들어 올리는 다양한 문화권의 고상식高床式 건축에서 흔히 발견된다. 그러나 온돌과 마루를 동시에 갖춘 살림집은 한옥이 유일하다. 오늘날엔 전통 한옥을 이루는 최소한의 건축 성분으로 온돌, 마루와 더불어 지원service 공간인 부엌까지 포함하는 게 일반적이다. 조선 중기 이후 온돌, 마루, 부엌, 세 가지를 모두 갖춘 살림집이 한반도

1
William James, *Pragmatism and Other Essays* (Washington Square Press, 1963). pp.74-75.

2
Karen Barad, *Meeting the Universe Halfway: Quantum Physics and the Entanglement of Matter and Meaning* (Duke University Press, 2007). p.ix·

3
신영훈, 『한국의 살림집』(열화당, 1983).

전역에서 대표 주거 유형으로 자리 잡았다. 여기에 더해, 빼놓을 수 없는 또 다른 한옥의 성분이 마당이다. 마당을 단순히 건물이 들어서고 남은 잉여 산물이 아닌, 건물과 담으로 둘러싸 확정하는 능동적 지향성*intentionality*의 결과물로 본다면 말이다. 한옥은 온돌, 마루, 부엌, 그리고 마당이라는 무려 네 가지 이질적 성분이 느슨하게 연동하며, 얼핏 어정쩡해 보이지만 매우 정교하게 뒤얽힌 혼종이다.

한옥에서 온돌, 마루, 부엌, 마당은 모두 각각 분명한 실체로 존재하지만, 정작 이들을 나누는 분류 기준이나 체계가 항상 일관됐다고 보긴 어렵다. 온돌은 일차적으로 특정 난방 방식을 가리키는 말이지만, 사적 생활 공간인 방으로 구체화한다. 마루는 땅에서 들어 올려 나무를 깔아 만든 바닥을 가리키는 말이니, 특정 질료와 구축술의 함의를 지닌다. 마당은 일반적으로 한옥의 외부 공간이자 공용 공간으로 정의되지만, 이는 어디까지나 상대적 개념이다. 마루나 온돌(방)과 접속하면 분명 외부지만, 담 너머 영역과 접속하면 내부가 된다. 게다가 이런 상대성은 마루에도 적용되므로, 온돌(방)에 비하면 마루 또한 외부인 셈이다. 일반적으로 부엌은 쓰임새에 따라 식재료를 보관하거나 밥을 짓는 곳으로 정의된다. 그러나 온돌의 존재를 위해 꼭 필요한 불 또는 화덕의 영역이기도 해서, 결국 부엌의 존재 이유는 온돌(방)인 셈이다. 전통 한옥의 마당과 부엌은 바닥이 공히 습식이고 그 높이가 같다는 점에서 한 묶음이고, 반면 지면에서 같은 높이로 들어 올려진 마루와 온돌(방)은 공히 건식 바닥이란 점에서 다른 한 묶음이다. 부엌 정도를 제외하면 마당이나 마루, 심지어 온돌(방)조차 그 쓰임새를 어느 한 가지로 규정하기 어렵다. 이들은 비워진 탓에 무용無用하며, 무용한 탓에 오히려 다용多用의 공간으로

그림1

원시오두막

출처: 마크 앙투안 로지에 Marc-Antoine Laugier, 『건축 에세이(Essai sur l'architecture)』, 1755.

작동한다. 요약하면, 한옥이란 복합체를 이루는 온돌, 마루, 부엌, 마당은 애초부터 우리에게 익숙한 서구식 분류 체계에 포섭될 수 없다. 이들 건축 성분 사이에서 프라이버시, 질료, 구축술, 설비 등 다양한 건축 의제는 어지럽게 관통하고 교차한다. 나누는 기준이나 경계가 절대적이지 못하고, 그 영역은 마치 기름방울 반점처럼 확산하고 중첩한다. 마치 푸코*Michel Foucault*가 『말과 사물』(1966) 서문에서 소개해 널리 알려진, 보르헤스*Jorge Luis Borges*의 소설 『존 윌킨스의 분석적 언어』(1942)에 나오는 중국 백과사전 동물 분류처럼 말이다.

1750년경 로지에*Marc-Antoine Laugier*가 제안한 원시 주거그림1가 최초의 건축, 다시 말해 인공의 건축물 이전에 존재했을 법한 최소한의 자연 보호처*shelter*를 향한 유리론唯理論적 환원의 결과물이라면, 1850년경 젬퍼*Gottfried Semper*가 제안한 카리브 제도 원주민 주거그림2는 짓기의 질료와 기술을 향한 유물론唯物論적 환원의 결과물이다. 로지에의 건축 원형原型, *archetype*은 결국 한동안 서구 건축의 본질로 여겨진 (아직 장식이 덧붙지 않은) 구조 요소로 나타났고, 젬퍼의 원형은 텍토닉*tektonik*의 토대가 됐다. 로지에나 젬퍼가 제안한 원형과 그것을 이루는 요소의 담론은 기원이 곧 규범이 되며, 더 나아가 그것이 궁극의 지향점과 중첩하는 이념과 비판의 기획이다. 반면 한옥의 건축 성분으로서 온돌, 마루, 부엌, 마당은 이런 식의 특정 기획과 무관하다. 이들은 우발성이 내재하는 역사적 과정의 산물이며, 다른 대안의 필요성이 제기되지 않는 한 바뀔 까닭이 없는 실용주의적 사실일 뿐이다.

세계를 인식하는 방식은 곧 세계를 짓는 방식으로 나타난다. 서구 건축 원형에 버금가는 한옥의 원형을 찾자면, 가장 그럴싸한 것은 퇴계 이황의 도산서당 정도가 아닐까.그림3 그러나 도산서당은 이념적 기획이

그림2

카리브 제도 오두막

출처: 고트프리드 젬퍼 Gottfried Semper, 『양식 Der Stil』, 1860-63.

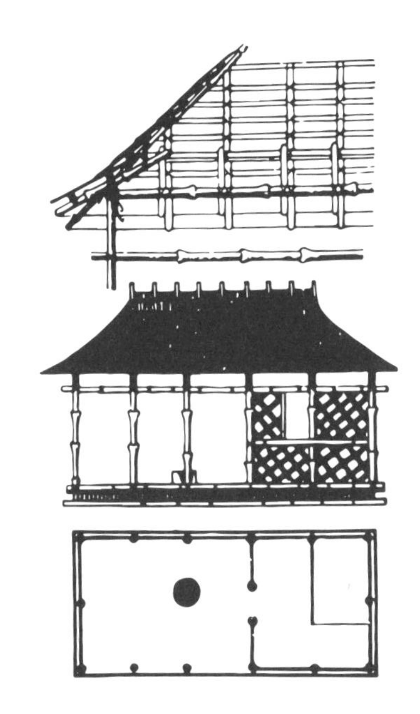

그림3

도산서당

출처: 김동욱, 「퇴계의 건축관과 도산서당」, 『건축역사연구』 5:1, 1996.

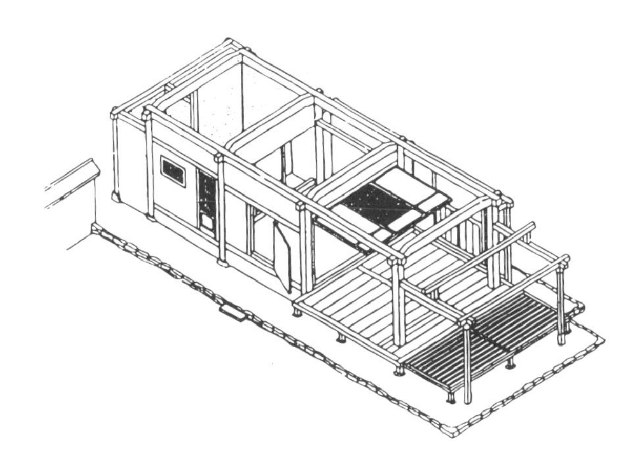

아닌 실천의 산물이며, 그것을 이루는 건축 성분은 다양하고 이질적인 변이에 열려 있다. 정순목의 『퇴계정전』(1992)에 따르면, 퇴계 이황은 고향인 안동 일대에 적어도 열 채에 달하는 집을 소유하고 경영했으며, 이들 대부분을 직접 "설계"했다고 한다. 도산서당을 위해선 직접 『옥사도자屋舍圖子』라는 일종의 설계도를 그렸으며, 집의 형식과 구조에 대한 상세한 기록도 남겼다. 1560년에 지어진 도산서당은 이른바 "삼간지제三間之制"의 원칙을 따라 마루, 온돌, 부엌이 각각 한 칸을 차지하는 정면 세 칸 측면 한 칸 집으로 알려졌지만, 엄밀히 따지면 이는 건축적 허구*fiction*에 가깝다. 실제 도산서당의 칸 크기는 모두 다르며, 필요에 따라 기둥을 더해 칸이 더 늘어나기도 한다. 서쪽 부엌 쪽으론 사각기둥 한 줄이 더해져 반 칸 정도가 늘어났고, 동쪽 마루 쪽으론 팔각기둥 한 줄과 청판 사이를 띄운 줄 마루, 그리고 가적 지붕이 더해져 한 칸 정도가 늘어났다. 게다가 가운데 칸인 온돌(방)과 부엌을 나누는 격벽을 기둥 선에서 부엌 쪽으로 밀어 서가를 놓았으니, 이른바 삼간지제의 세 칸 가운데 온전히 그 형식을 유지하는 칸은 없는 셈이다. 결국 도산서당에서 칸의 질서란 바닥, 지붕, 벽과 같은 실질적이고 경험적인 요소로 재설정되는 불확실성의 체계일 뿐이다.

서구 건축 원형과 도산서당을 가르는 역사적이고 철학적인 간극만큼이나 리슈건축(홍만식)의 주택 건축은 서구 건축에서 떨어져 있다. 리슈건축 작업에 잠재된 여섯 칸 또는 아홉 칸 기하학은 문제 해결을 위한 도구일 뿐, 유지하거나 지향해야 할 이념적 형식이 아니다. 기하학에서 출발하지만, 리슈건축의 결과물은 어느덧 다양한 변수에 따른 변이를 거쳐 그 출발점에서 벗어난 또 다른 안정적 평형 상태에 도달한다. 의뢰인의 요구나 도시 맥락, 법규 등 건축 작업 과정에서 흔히 개입하는 다양한 조건에 따라 기하학은 얼마든지 변화한다. 결국 중요한 것은 관계 맺기, 다시 말해 다양한 건축 성분 사이 얽힘이다. 그리고 비워진 곳, 곧 마당은 이런 관계 맺기나 얽힘을 촉발하는 매개체다.

2

필경재는 책에서 다루는 여섯 집 가운데 가장 규모가 크고 여유롭다. 다른 집과 달리 두 개의 독립된 채, 곧 주생활 공간과 전시/이벤트 공간으로 나뉘었다. 법적으로는 단독주택과 근린생활시설, 한옥으로 치면 임진/병자 양란을 거치며 본격적으로 분화한 사대부 살림집의 안채와 사랑채를 유추한 것으로 볼 수 있다. 주생활 공간은 ㅁ자 또는 回자형 뜰집에 가깝다. 한가운데를 비워 중정을 놓고 동선을 에워싼 다음 필요한 실室, 곧 채움*solid*과 비움*void*을 번갈아 배치한 형식으로, 적어도 세 겹의 공간이 에워싸는 동심원이다. 앞마당을 놓아 동쪽 3m 도로에서 한 켜 물러난 주생활 공간과 달리 도로를 향해 길게 뻗은 전시/이벤트 공간의 마당은 오히려 뒤쪽에 놓였다. 뒤로 물러나 프라이버시를 확보한 정방형 안채 또는 살림채와 앞으로 돌출한 사랑채의 엇갈린 배치가 합리적이다.

채 나누기는 한옥(은 물론이고 일부 한국 현대건축)의 핵심 전략이다. 그리고 이렇게 나눠진 채를 다시 묶는 가장 중요한 건축 장치는 담(이나 벽)이다. 동쪽 도로에서 바라본 필경재 파사드는 다양한 채를 통합하면서도 조건에 따라 유연하게 변이하는 한옥의 담을 재해석한 결과다. 도로를 마주하며 수평으로 길게 놓인 담이 사랑채에서는 남북 방향으로 길게 뻗은 벽의 단면이 된다.그림4 이렇게

그림4

필경재 진입부

그림5

필경재 전면 풍경

필경재 동쪽 입면은 전체 건물을 무심하게 나누기도 하고 다시 엮기도 한다. 필경재의 담/벽은 안채 영역의 주차장과 앞마당, 안채와 사랑채를 가르는 사이 공간, 그리고 커다란 관처럼 돌출한 사랑채의 형상과 논리를 모두 존중하고 받아들이면서도 마치 한 칼에 잘라낸 듯 평평하다.그림5 담과 벽, 정면성과 깊이감, 채워진 곳과 비워진 곳, 공공성과 프라이버시의 표현이 공존하는 파사드는 이 집의 복합적 실체와 체계를 단적으로 드러낸다.

도시를 벗어난 대지 조건이나 비교적 큰 주택 규모만 따지면, 필경재는 디자인 과정에서 다른 집에 비해 상대적으로 건축 외부 변수보다 그 내부 논리, 곧 건축적 자율성을 최대한 지킬 수 있는 조건을 갖췄다. 게다가 필경재는 한 변이 18m인 回자형 건물과 6m 너비 장방형 건물의 조합으로 정연한 기하학적 질서를 품고 있으며, 특히 서양 건축에서 回자형 또는 아홉 칸 평면은 팔라디오 이후 종종 건축적 자율성을 실험하는 데 활용됐던 전형*canon*이다. 그러나 필경재에서 이 형식은 진지하게 검토되거나 발현되지 않는다. 안채에서 동쪽으로 내민 지붕 처마의 대략 1.85m 간격으로 반복하는 격자형 틀이 인상적이지만, 그 강렬한 기하학적 규칙성은 실제 공간 치수로 이어지지 않는다. 이는 다분히 의도적이다. 한국의 살림집은 기하학적 형식에 집착한 적이 없으며, 리슈건축의 전략 또한 이미 주어진 틀에 기대지 않는 실용주의에 가깝다.

화운풍재는 필경재 안채를 반으로 자른 대략 18m×9m 규모로, 그 전체 형태는 回자형을 반으로 자른 ㄷ자형이다. 화운풍재의 건축적 풍요로움을 촉발하는 계기는 대지 조건이다. 대지는 동쪽으로 9m 도로, 남쪽으로 6m 보행자 도로, 그리고 서쪽으로 작은 녹지에 접한다.

어찌 보면 세 면이 열렸다고 볼 수 있다. 동서 방향으로 긴 장방형 대지를 꽉 채우는 평면은 정확히 6m 간격으로 셋으로 나뉘어 ㄷ자형을 이루는데, 가운데 베이에는 마당과 수직 동선, 지원 공간을 끼워 넣었다. 서쪽 녹지에 면한 날개채 지상층엔 가족이 모이는 부엌/식당을 놓았고, 9m 도로 쪽 지상층은 주차장이 점유한다. ㄷ자로 에워싸인 마당은 남쪽을 바라보지만, 영롱쌓기로 구축한 담으로 물리적 연결은 차단했고, 실제 진입은 동쪽에서 주차장을 끼고 잘라 들어오는 형국이다. 이 진입로 탓에 잘려나간 동남쪽 모서리엔 작업실을 놓았으니, 화운풍재는 영락없이 도시 한옥을 닮았다. 남북 방향 골목길에 접하며 남향 마당을 둔 ㄷ자형, 더 정확히 말하면 골목길에서 잘라 들어오는 진입로를 따라 ㄱ자형 안채와 一자형 문간채로 나눠지는 살림집은 도시 한옥의 원형이다.그림6 화운풍재는 도시 한옥 유형을 진지하고 충실하게 계승하고 재해석한 모범 사례로 손색이 없다. 문제는 그 유형의 지속가능성이다. 건축 유형의 지속가능성은 도로 체계, 필지, 건물 생산 생태계 등의 변수가 복합적으로 작용하는, 개별 건축을 넘어서는 복합적이고 도시적인 층위에서 검증돼야 할 문제다.

설유담재는 화운풍재와 마찬가지로 남향 마당을 갖췄지만, 그 평면 형식이나 대지 조건, 세부적인 모습 등은 사뭇 다르다. 대지는 세 변이 모두 주변 필지로 둘러싸인 탓에, 화운풍재와 달리 마당과 주차장, 주 진입이 모두 남쪽으로 열린 형국이다.그림7 게다가 2층에는 단출한 취미실과 옥상 테라스만 올린, 실질적으로 단층에 가까운 집이다. 이런 조건에 설유담재는 적극적으로 대응하며, 그 결과는 앞마당 반대쪽으로 한 겹 공간이 덧붙은 겹집이다. 집의 중심은 앞마당을 접하며 집 전체를 동서 방향으로 길게 관통하는 거실/식당/부엌의 가족 공용 공간이다.

그림6

ㄷ자형 도시한옥

출처: 송인호, 『도시형 한옥의 유형연구: 1930-1960년의 서울을 중심으로』, 박사학위 논문, 서울대학교 대학원 건축학과, 1990.

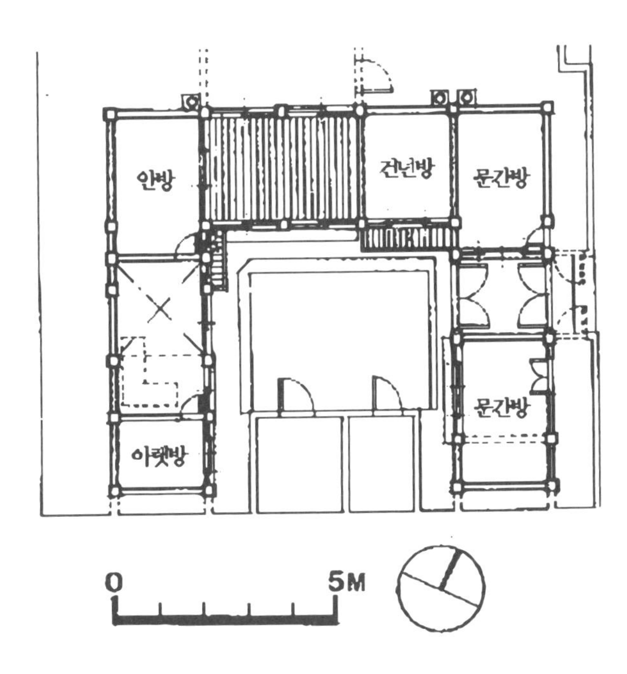

이곳과 평행하게 남쪽으로는 안방과 앞마당이 놓이고, 북쪽으로 아이를 위한 작은 방 두 개와 마당 두 개가 짝지어 놓인다. 당연하게도 모든 동선은 이곳에 모이고 다시 이곳에서 각 실로 확산한다. 전통 한옥으로 치면 대청마루 자리라고 할 수 있는데, 실제로도 이곳은 대청마루의 역할, 곧 공용共用과 다용多用의 느슨한 영역으로 작동한다.그림8 특히 내외부 경계를 가로질러 앞마당을 향해 1.8m 너비로 확장하는 (쪽마루를 닮은) 바닥 면은 현대적 거실이 돌연 전통 마당에 접하며 생성된, 현대와 전통, 입식과 좌식 그 어느 쪽에도 속하지만 속하지 못하는 유예猶豫 공간이다.

소담원재는 책에서 다루는 여섯 집 가운데 특히 혼종과 얽힘의 양상이 가장 도드라지는 작업이다. 가장 실험적이고 흥미로운 작업이기도 하다. 소담원재 대지 북쪽은 도로에 접한 완충녹지고, 동서 양쪽은 필지로 막혔다. 남향 마당과 진입로를 둔 꼭 끼는 ㄷ자 정방형 평면은 그래서 자연스러운 해결책으로 보인다. 단, 전통 대청마루를 별다른 해석이나 개조 없이 서쪽 식당/부엌과 동쪽 서재 사이에 끼워 넣은 점은 리슈건축의 다른 주택 작업에서 볼 수 없는 소담원재만의 특징이다. 이 대청마루는 1층과 2층을 묶어주는 수직 동선에 자기 공간을 내주지도 않는다. 계단은 집 양쪽으로 분산됐고, 대청마루는 온전히 비워졌다. 일종의 유사類似, *pseudo* 대청마루인 이곳은 온전히 좌식 생활을 전제로 설계됐으며, 테이블이나 의자 같은 고정식 가구보단 상이나 방석 같은 이동식 가구가 어울린다. 남쪽을 향한 접이식 문을 활짝 열면 오히려 마당과 외부를 향한 확장이 양쪽에 놓인 식당/부엌이나 서재를 향한 연결보다 더 자연스럽다.그림9 2층에 얹힌 이른바 정자는 소담원재에서 주목할 만한 또 다른 실험이다. 이 정자는,

그림7
설유담재 전면 풍경

그림8
설유담재 실내 전경

그림9
소담원재 대청마루

그림10
소담원재의 2층 정자

대청마루에 비하면, 그 역사적 원형에서 꽤 멀리 떨어져 있다. 애초부터 프라이버시 보호를 위한 시각적 차단이 중요한 목적인 탓에, 이곳 정자에선 전통 누정 건축의 개방성이 적극적으로 구현되지 못했다. 오히려 활용된 건축 어휘는 채움*solid*과 비움*void*을 적절히 배분한 서구식에 가깝고, 이로써 형성된 내외부 공간의 규모 또한 답답해 보이는 게 사실이다.그림10

소담원재의 대청마루와 정자 실험은 어떻게 전개될까? 굳이 말하자면 정자보단 대청마루를 향한 기대가 더 크다. 대가는 치러야 할 것이다. 온전히 그 공간을 비운 대청마루의 존재 탓에 사랑채의 스케일은 다소 답답해 보이고, 양쪽으로 분리된 수직 동선 또한 그리 효율적이라고 할 수 없다. 한국인의 살림집에선 이미 익숙한, 입식과 좌식을 오가는 생활양식의 비합리성은 소담원재의 대청마루에서 한층 더 증폭된다.그림11 그러나 합리적 해결책이 꼭 선善은 아니다. 합리성은 보통 닫힌 결말로 이어지지만, 모순 가득한 복합체로서 소담원재의 결말은 열려 있다.

3

실용주의는 절대 진리나 확실성을 전제하지 않는다. 우리가 무언가를 진실이라 여기는 것은 그것을 진실이 아니라고 판단할 만한 다른 요인이 딱히 없는 까닭에, 한시적으로 진실이라 치는 것일 뿐이다. 그래서 실용주의에서 핵심은 "예측하지 않되 문을 두드리는 알지 못하는 것에 주의를 기울이는" 것이다. 도시 한옥, 더 넓게는 한국 살림집의 역사나 유형을 고찰하는 일은 건축가에게 분명 가치 있는 일이지만, 이때 중요한

그림11

소담원재 마당과 대청마루

것은 예측하거나 확정하지 않는 태도다. 경험 많은 숙련된 전문가일수록, 역사적 선례에 기대 선불리 그 결과를 예측하거나 확정하기 쉽다. 그러나 실용주의가 도구적인 동시에 실험적으로 작동하려면, 진단*diagnosis*하되 미리 가늠하거나 단정해선 안 된다. 그래서 리슈건축의 작업, 특히 소담원재와 같은 작업에서 발현된 실험은 주목할 만하다. 다양한 건축 성분의 얽힘을 기꺼이 껴안는 혼종의 양상은 이미 다양한 한국 건축 작업에서 중요한 특질로 자리 잡았다. 문제는 그 혼종의 양상을 형식적 표현을 넘어 일종의 삶의 양식*life style*으로 포용하는 일이다.

편집후기: 비건폐지에서 지붕 없는 방으로

정평진

마당은 무엇이 아닌가. 본 기획은 이같은 질문에 대한 탐색으로부터 시작하였다.

한동안 마당은 '한국성'을 표상하는 매체였다. 건축의 외부공간은 조형을 대신하여 8-90년대 한국건축의 정체성을 드러내는 유력한 수단이었으며, 이는 여전히 일부 유효한 것으로 보인다. 이때 전통건축의 마당이 가진 의미는 '불편하게 살기 위한 채나눔'(이일훈), '불확정적 비움(승효상, 민현식)' 등 당시의 사회, 윤리적 문제의식에 의해 해석되었다.

전통건축의 마당은 15세기 후반 조선의 성리학적 이념, 예禮의 공간적 실천에 따라 생성되었으며, 그에 반해 20세기 초 마당의 의미는 보다 형이하학적 차원에 머물렀다. 전근대와 근대의 경계에서 마당은 위생과 설비, 농업과 축산, 가사 등 가정 내 활동과 얽혀 있는 공간이었으나 오늘날의 외부공간은 재/생산과는 무관해보인다.

정평진
건축전문 잡지에서 기자로 일했고, 여러 매체에 도시와 건축에 대한 글을 쓰고 있다. 서울시립대학교에서 건축학을 전공했다. '사회적 건축: 포스트코로나 젊은건축가 공모'에서 〈공적 공중 공원〉(합작)으로 대상을, 〈거리에 대한 권리: 철거된 르네상스 호텔과 공개공지, 그리고 이우환의 관계항〉으로 월간 환경과조경 40주년 기념 조경비평상에서 가작을 수상했다. "도시는 공통재(commons)"라는 믿음으로 공공 공간의 보다 사적인 점유 형식과 공개공지 및 공공미술과 같은 사적 영역의 보다 공적 활용 방식을 상상하고 있다.

주택에서 생활에 필요한 기능들은 모두 내부에서 해소되었고, 최근 아파트 평면의 다변화/고급화 전략으로 제시되는 테라스 등 외부공간은 전용면적에서 충족되지 않는 또 다른 결핍을 채우기 위한 수단에 가깝다.

현시대 주택의 마당이 "예의 실천"이라는 이념과 연속되는 것은 아니지만, 일부 맞닿아 있는 점은 신분과 성별, 생사 등 당시의 질서와는 다른 종류의 관계들을 중재, 조직하고 있다는 것이다. 이 책은 그러한 관점에서 서로 다른 가족 구성과 입지를 가진 여섯 개의 주택을 다루고 있다. 각 주택은 먼저 입주 후의 생활을 담은 석준기의 사진과 홍예지의 거주자 인터뷰를 통해 소개되며, 준공 시점의 사진과 도면들이 나열된 끝에 설계 과정에서의 생각과 다이어그램에 대한 설명으로 마무리된다. 이처럼 시간을 거스르는 구성을 취한 까닭은 계획가의 관점에 앞서 사용자의 시간을 매개로 집을 이해하고, 이를 기반으로 그것이 도출된 경로와 기율에 대해 논하기 위함이다. 책 말미에는 여섯 개 주택을 관통하는 주제의식에 대한 통시적, 공시적 이해를 위해 건축가의 글과 함께 강난형과 현명석의 에세이를 수록하였다. 그래픽 디자이너 김범준은 이처럼 서로 다른 차원의 이질적 이미지와 텍스트 각각에 적절한 형식과 관계성을 부여해주었다.

표지의 검정색 도상은 일반적으로 집을 의미하는 박공 형태를 역전시킨 것으로, 책에서 다루고 있는 주택의 외부공간을 의미한다. '지붕 없는 방', 그리고 '비건폐지'와 같은 용어의 목적은 오랜 시간을 거치며 여러 의미가 중첩되어 있는 마당이 지닌 현재적 의미를 포착하는 데 있다. 이러한 시도가 서두의 질문에 대한 답을 구하기 위한 구분짓기의 단초가 될 수 있기를 기대한다.

지붕 없는 방

초판 1쇄 인쇄. 2023년 11월 2일 • 초판 1쇄 발행. 2023년 11월 3일
저자 홍만식, 홍예지, 강난형, 현명석 • **기획** 어커먼즈 프레스 • **편집** 정평진 • **디자인** 김범준
사진 석준기 (인터뷰) • **이미지 제공** 리슈건축 (별도표기 외) • **다이어그램** 조재은, 심재덕, 권준하

발행 (주)주택문화사 • **발행인** 이심 • **편집인** 임병기
교정 이준희 • **마케팅** 서병찬, 김진평 • **총판** 장성진 • **관리** 이미경

출력 (주)삼보프로세스 • **인쇄** 북스 • **용지** 영은페이퍼(주)

(주)주택문화사
출판등록번호 제13-177호 • **주소** 서울시 강서구 강서로 466 우리벤처타운 6층
전화 02-2664-7114 • **팩스** 02-2662-0847 • **홈페이지** www.uujj.co.kr

정가 25,000원
ISBN 978-89-6603-068-2 (13540)